高职高专系列教材

工程制图与识图基础训练册

主　编　李奉香

副主编　周　川　高会鲜

参　编　易　敏　王新海　段兴梅　柴敬平　张海霞　马　旭

主　审　周欢伟

机械工业出版社

本训练册与李奉香主编的《工程制图与识图从基础到精通》配套使用。本训练册的编排顺序、内容和风格与《工程制图与识图从基础到精通》结构、内容和特点相对应。本训练册与《工程制图与识图从基础到精通》一样，是在总结编者多年教学改革成果基础上，按照培养制图能力与识图能力两条主线编写而成的，并针对高职学生需求选用了较多训练识图能力的题目。题目由最基础与中等难度题目组成，按照由浅入深的顺序编排，并给出了详细的解题过程，提供了立体图，以方便读者训练。

本训练册主要内容包括平面图绘制、基本体三视图绘制与识读、点线面的投影、切割体三视图绘制与识读、组合体三视图绘制与识读、机件图样图形绘制与识读、零件图绘制与识读、装配图绘制与识读。

本训练册可作为高职高专院校用教材，也可作为中等职业学校和职业技术培训用教材。

图书在版编目（CIP）数据

工程制图与识图基础训练册/李奉香主编. —北京：机械工业出版社，2018.9
（2024.9重印）
高职高专系列教材
ISBN 978-7-111-61487-6

Ⅰ.①工… Ⅱ.①李… Ⅲ.①工程制图-高等职业教育-习题集②工程制图-识图-高等职业教育-习题集 Ⅳ.①TB23-44

中国版本图书馆 CIP 数据核字（2018）第 267773 号

机械工业出版社（北京市百万庄大街22号　邮政编码100037）
策划编辑：赵志鹏　责任编辑：赵志鹏
责任校对：王　延　封面设计：马精明
责任印制：常天培
北京机工印刷厂有限公司印刷
2024 年 9 月第 1 版第 7 次印刷
260mm×184mm · 10.75 印张 · 259 千字
标准书号：ISBN 978-7-111-61487-6
定价：33.00元

电话服务　　　　　　　　网络服务
客服电话：010-88361066　机 工 官 网：www.cmpbook.com
　　　　　010-88379833　机 工 官 博：weibo.com/cmp1952
　　　　　010-68326294　金 书 网：www.golden-book.com
封底无防伪标均为盗版　机工教育服务网：www.cmpedu.com

前　　言

随着我国高职高专教育的迅速发展和高等教育教学改革的不断深化，"工程制图"课程在课程体系、教学内容、教学模式、教学手段和方法等方面都发生了深刻变化。为了符合国家教育部对高职高专培养模式的要求，编者在总结多年的教学改革实践经验和多年的教学经验的基础上，编写了《工程制图与识图从基础到精通》与配套的《工程制图与识图基础训练册》。《工程制图与识图基础训练册》的编排顺序、内容和风格与《工程制图与识图从基础到精通》结构、内容和特点相对应。

此套教材主要有以下几个特色：

1.《工程制图与识图基础训练册》按照能力从弱到强的顺序设计训练题型与题目，按照制图能力与识图能力培养的两条主线进行，形成了能力体系，不同于传统的知识体系。

2.《工程制图与识图基础训练册》内容以实现课程能力目标为中心，实用为主，考虑高职高专学生就业岗位中更多是要求较强的识读能力，且学生初学时识读能力比制图能力更难培养的特点，加大了识读方法、识读训练的内容，选用了较多训练识图能力的题目。

3.《工程制图与识图基础训练册》选题原则是以制图、识图能力的培养为根本，以培养学生的空间思维能力为核心，所选题目由易到难形成梯度；题目数量多，一部分可作为课堂训练，一部分可作为课外必做题，一部分可作为课外选做题，本训练册也可作为考试题库；编排顺序与教材内容完全一致。每个题目提供了作图步骤、答案及三维立体图。

4.《工程制图与识图从基础到精通》配有二维码，二维码中有相关动画视频或参考资料。本套书配有电子课件 PPT、配套习题集解答系统。

《工程制图与识图基础训练册》由武汉船舶职业技术学院李奉香教授任主编，武汉船舶职业技术学院周川、高会鲜任副主编。编写分工为：第 1 章由李奉香、山西运城学院王新海编写；第 2 章由李奉香和周川编写；第 3 章由李奉香和烟台职业学院柴敬平编写；第 5 章由李奉香、武汉船舶职业技术学院易敏、周川和高会鲜编写；第 6 章由李奉香、高会鲜和周川编写；第 4 章、第 7 章和第 8 章由李奉香编写；宁夏建设职业技术学院段兴梅、珠海城市职业技术学院马旭、武汉船舶职业技术学院张海霞参与了本书编写。配套的《工程制图与识图基础训练册解答系统》由武汉船舶职业技术学院李奉香任主创，由武汉船舶职业技术学院李奉香、易敏、周川和高会鲜制作。

本训练册由广州铁路职业技术学院周欢伟博士主审。

在本训练册编写过程中参考了有关作者的教材和文献，并提到了参编院校各级领导和同行的帮助，在此一并表示衷心的感谢！

由于编者水平有限，疏漏和错误之处在所难免，敬请读者批评指正。

编　者

目　　录

1.1　国家标准《技术制图》基本规定	班级：	姓名：	学号：	分数：

1-1　图线练习

提示：注意线条画法，粗细线的宽度要明显，线段长度要合理；图的对应位置不变；用工具绘制，即尺规绘图

1. 抄画左边图线（绘制在右边）

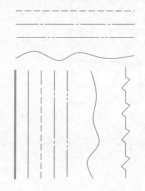

3. 抄画图形（比例 1∶1，提示：直接用圆规量取尺寸。注意两图上下对应位置）

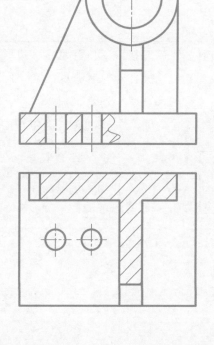

2. 抄画图形（比例 1∶1，提示：直接用圆规量取尺寸。注意两图上下对应位置）

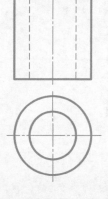

1-2　按图中给定的尺寸，用 1：1 的比例抄画图形，抄画图上各种标注

注：绘制在 A3 图纸上，需要绘制图框与标题栏，粗细线的宽度要明显，各种标注不需按比例抄　　提示：先画图，再完成各种标注

1. 绘图并标注斜度

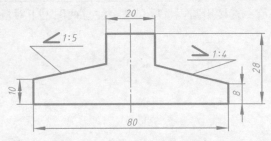

2. 绘图并标注锥度

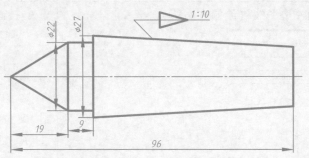

3. 注意正多边形和圆弧连接的画法（提示：画图时，圆弧连接部分最后画）

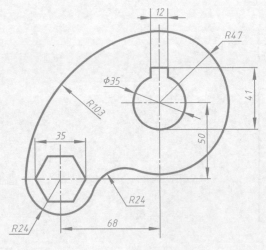

4. 注意正多边形和圆弧连接的画法（提示：画图时，圆弧连接部分最后画）

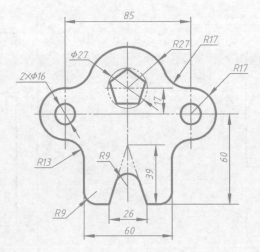

1-3 分析并标注下列各平面图形的尺寸（数值按 1 : 1 在图上量取整数）

1.

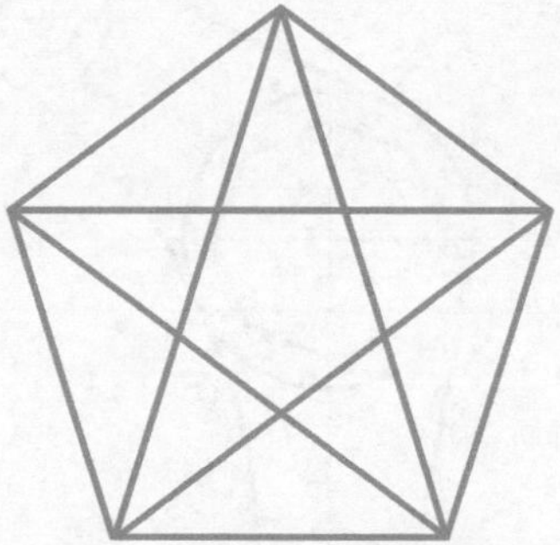

3.

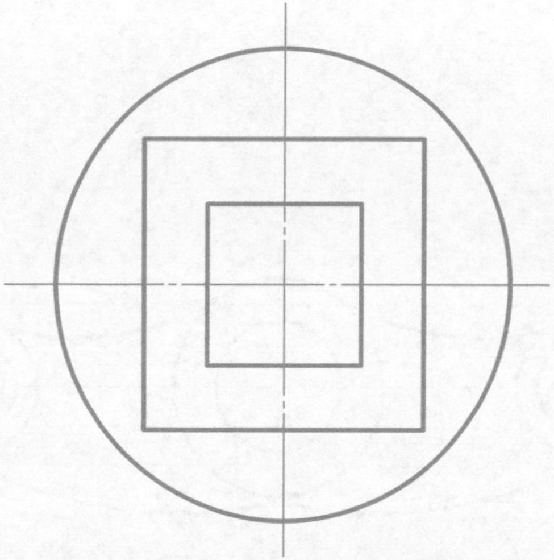

5.

2.

4.

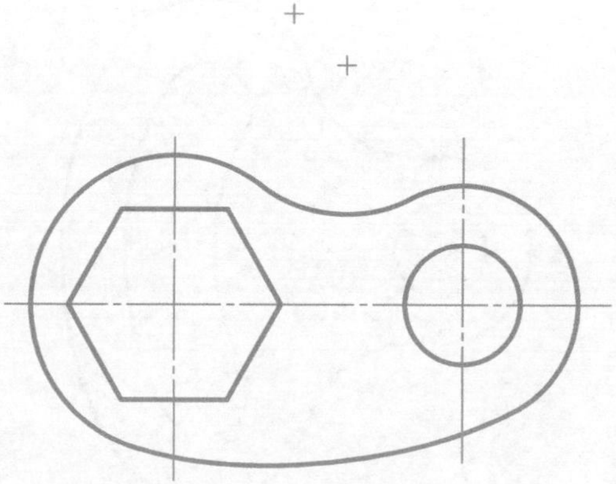

6.

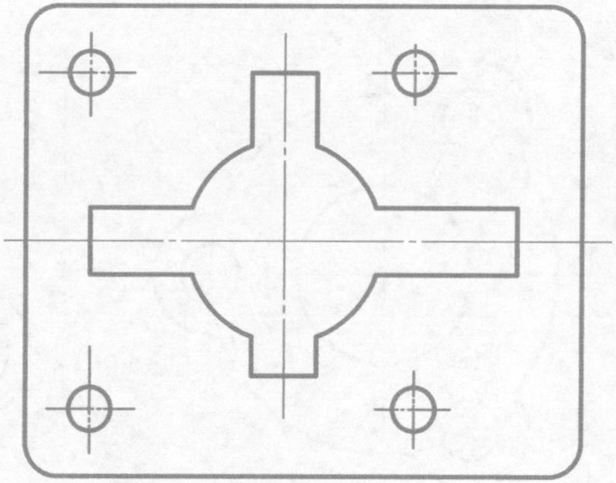

1-3 分析并标注下列各平面图形的尺寸（数值按 1：1 在图上量取整数）（续）

7.

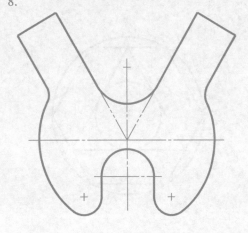

8.

9.

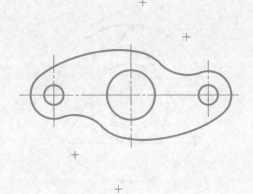

10.

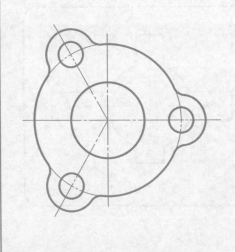

11.

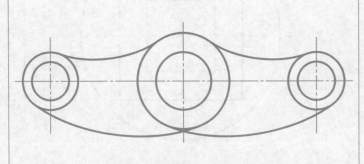

12.

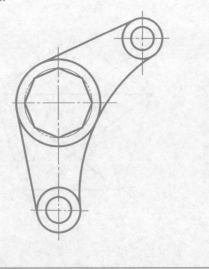

1-4　按图中给定的尺寸，用合适的比例抄画平面图形，并标注尺寸（注：用 A3 图纸，绘制图框）

1.
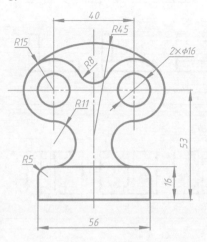

2.
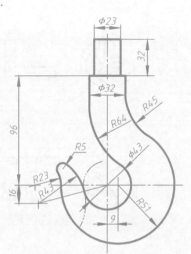

3.
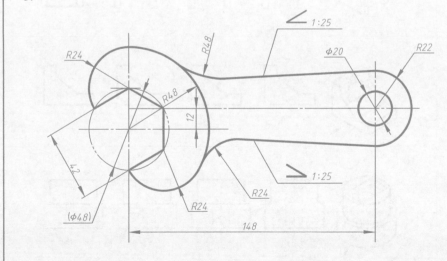

4.
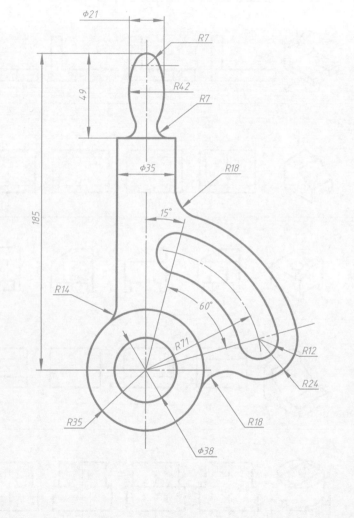

2.2　形体的视图投影规律与绘制	班级：	姓名：	学号：	分数：

2-1　根据轴测图，选择沿箭头方向投射的视图（都为通孔或通槽）

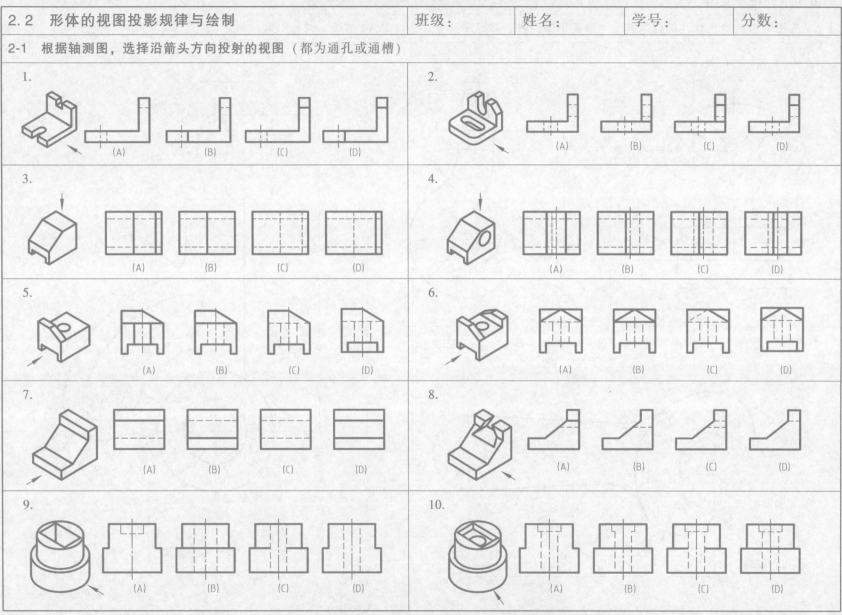

2-1 根据轴测图，选择沿箭头方向投射的视图（都为通孔或通槽）（续）

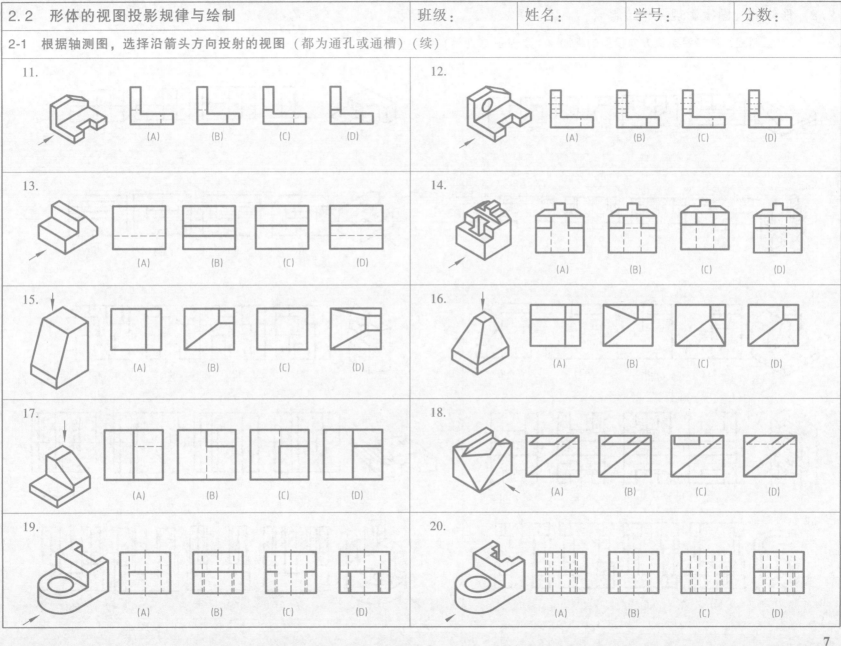

2-1 根据轴测图，选择沿箭头方向投射的视图（都为通孔或通槽）（续）

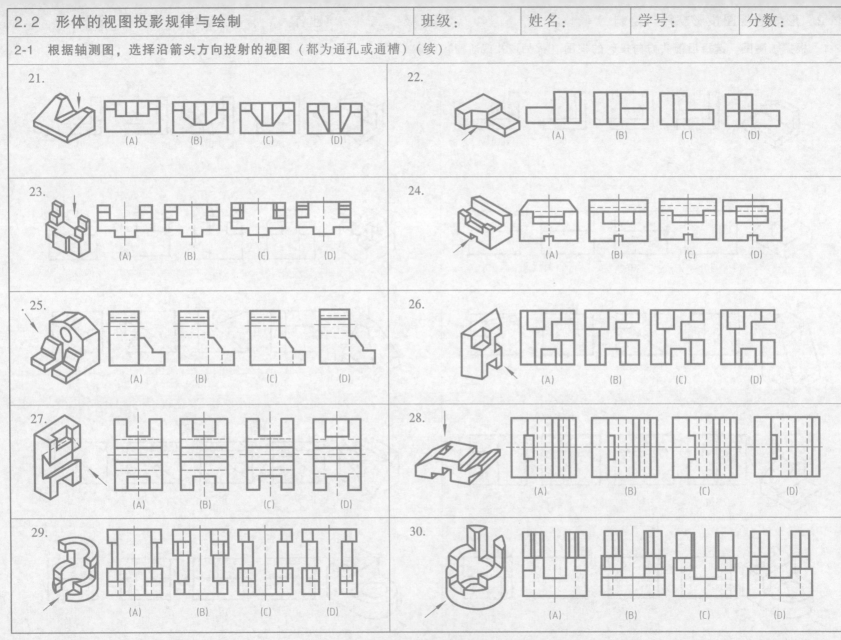

21.
(A) (B) (C) (D)

22.
(A) (B) (C) (D)

23.
(A) (B) (C) (D)

24.
(A) (B) (C) (D)

25.
(A) (B) (C) (D)

26.
(A) (B) (C) (D)

27.
(A) (B) (C) (D)

28.
(A) (B) (C) (D)

29.
(A) (B) (C) (D)

30.
(A) (B) (C) (D)

2-2 观察轴测图和三视图，找出轴测图对应的三视图，将轴测图序号填写到对应三视图的圆圈内

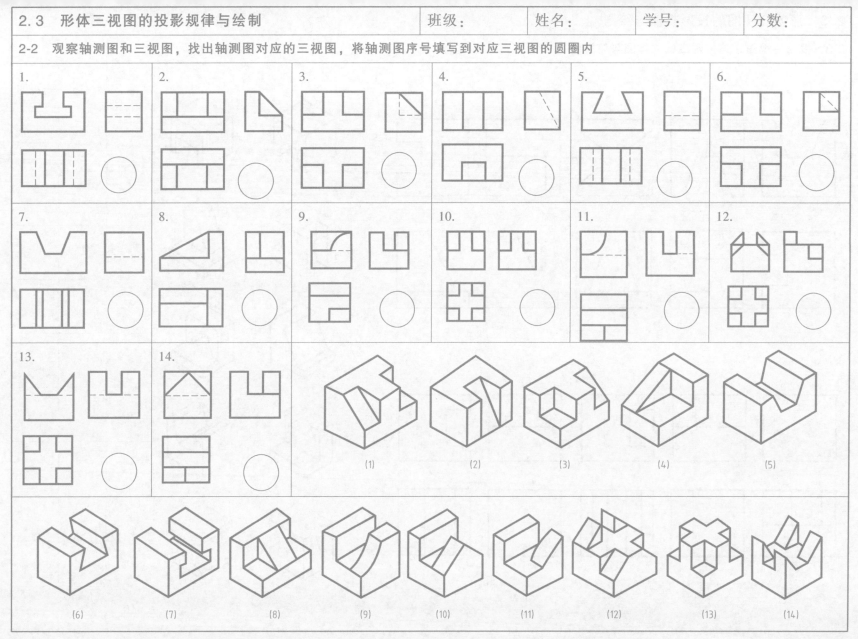

2-3 根据主视图，选择对应的立体图与俯视图

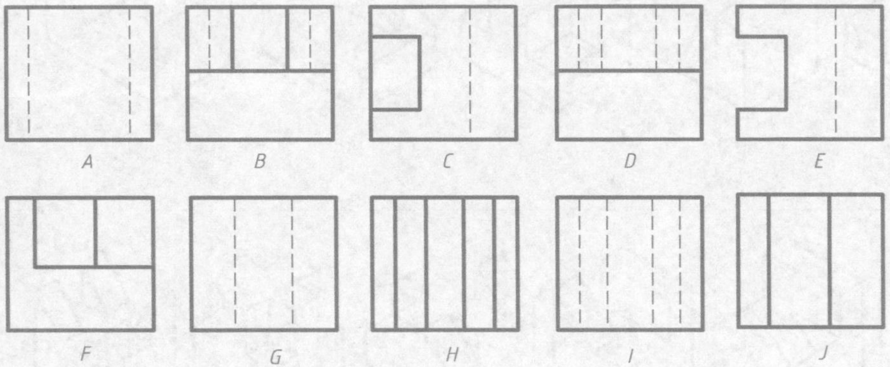

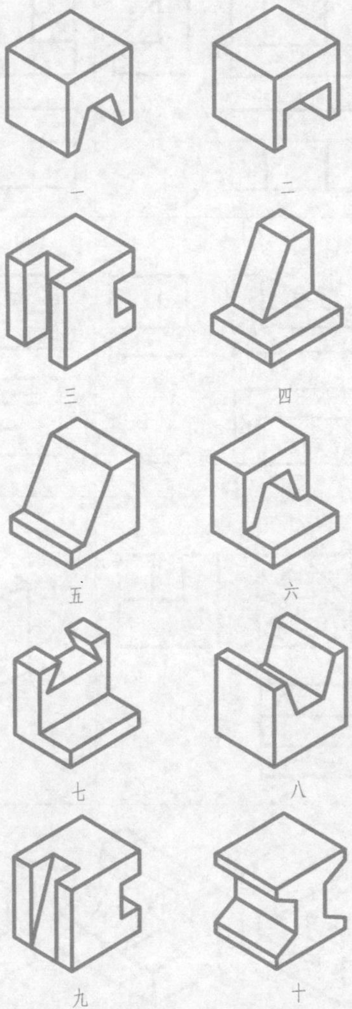

主视图	立体图	俯视图
1		
2		
3		
4		
5		
6		
7		
8		
9		
10		

1　　2　　3　　4　　5

6　　7　　8　　9　　10

A　　B　　C　　D　　E

F　　G　　H　　I　　J

一　　二

三　　四

五　　六

七　　八

九　　十

2-4　根据三视图辨认相应的立体图，并根据立体图补全三视图中所缺图线

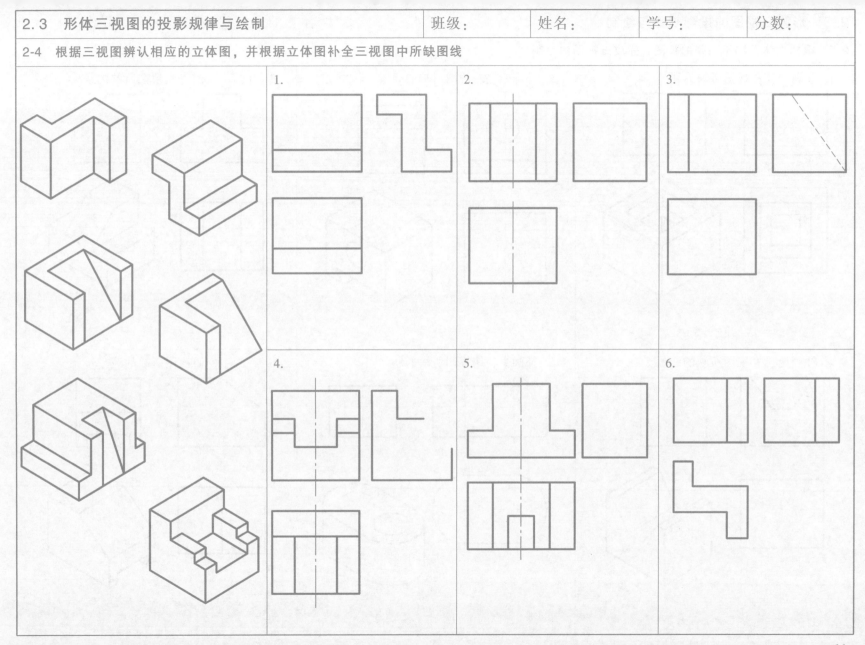

2-5 根据立体图和不完整的视图，完成三视图的绘制

1. 补画主、左视图所缺的线

2. 补画俯、左视图所缺的线

3. 补画主、俯、左视图所缺的线

4. 补画俯、左视图所缺的线

5. 补画主、俯视图所缺的线

6. 补画主、俯视图所缺的线

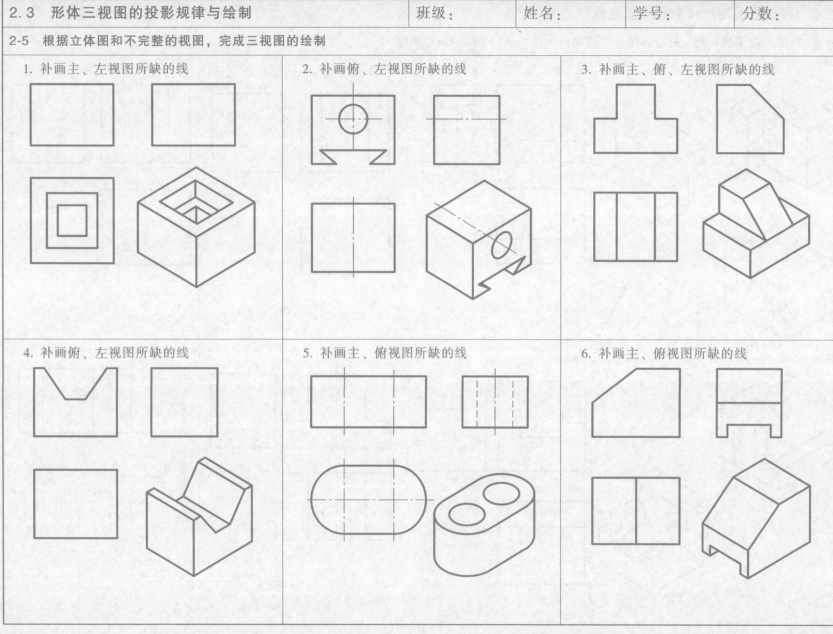

2-6 根据立体图和两个视图，绘制第三视图

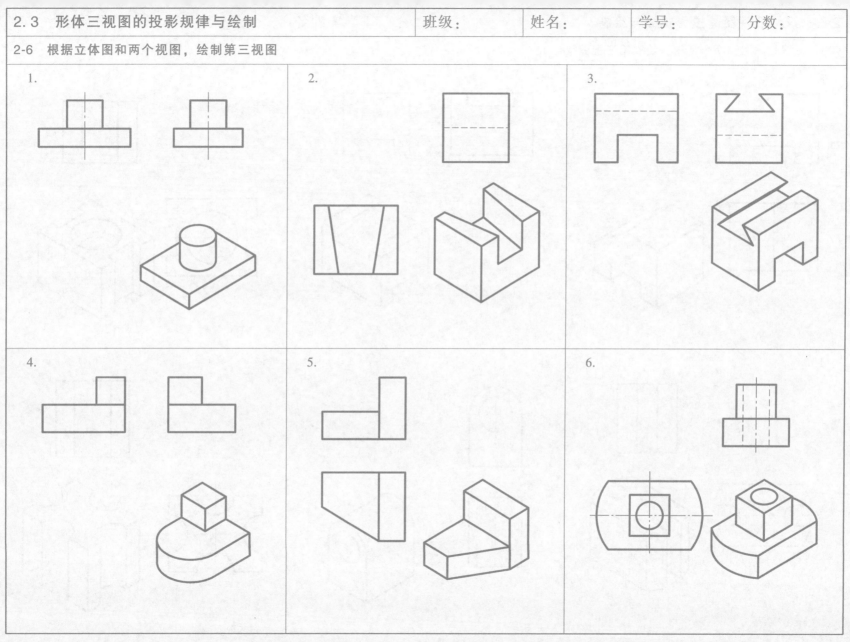

2-6　根据立体图和两个视图，绘制第三视图（续）

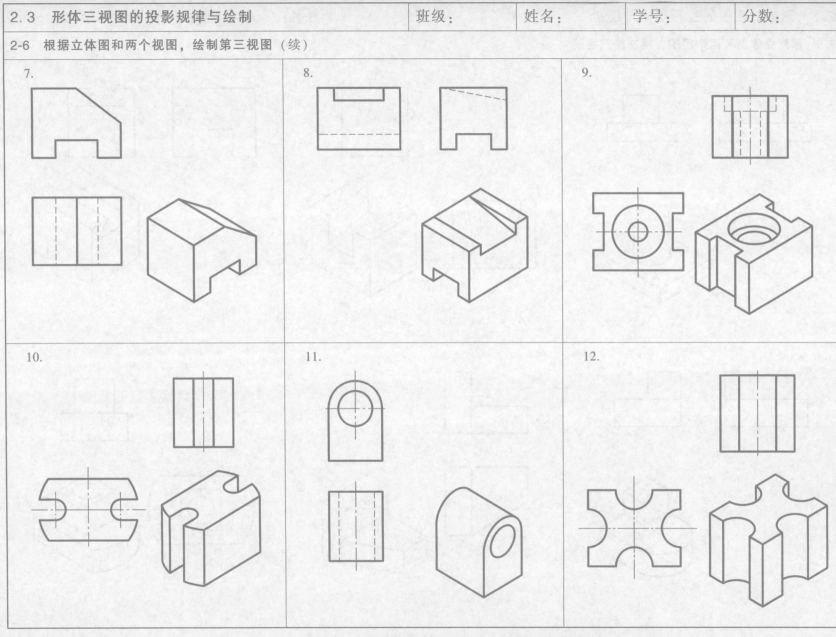

7.

8.

9.

10.

11.

12.

2-7 根据立体图和一个视图，完成三视图的绘制

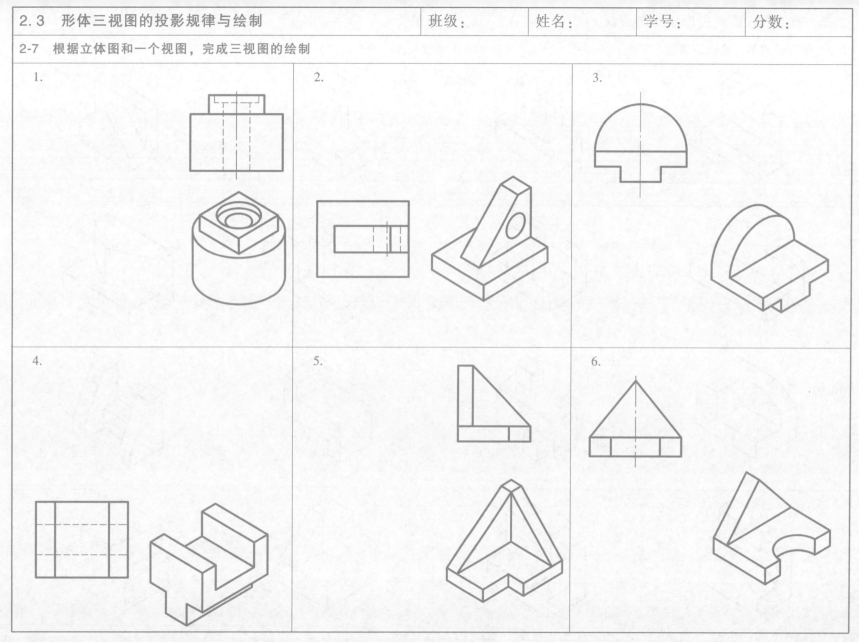

1.   2.   3.

4.   5.   6.

2.3　形体三视图的投影规律与绘制	班级：	姓名：	学号：	分数：

2-8　根据轴测图，绘制三视图（绘制在坐标纸上，不需在轴测图上量取尺寸，大小自定）

1.

2.

3.

4.

5.

6.

7.

8.

9.

10.

11.

12.

13.

14.

15.

16.

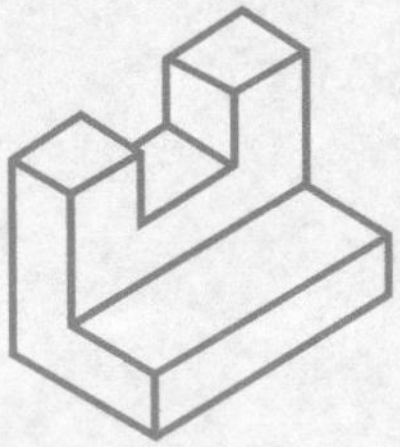

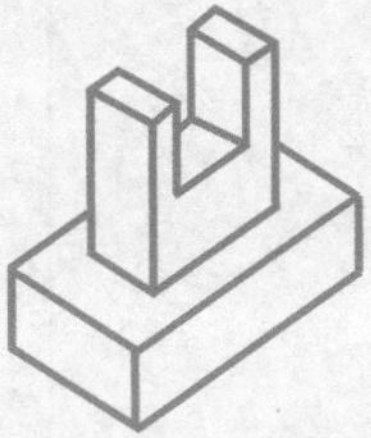

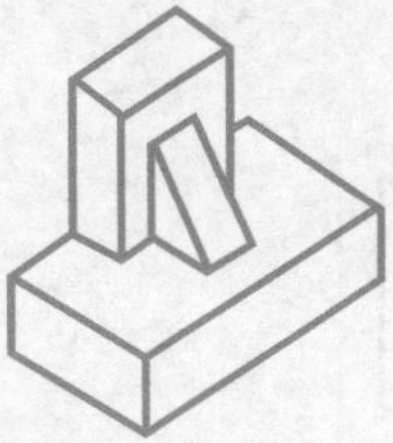

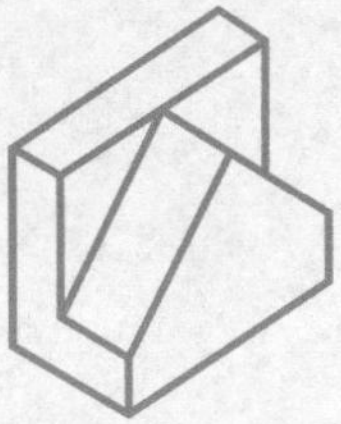

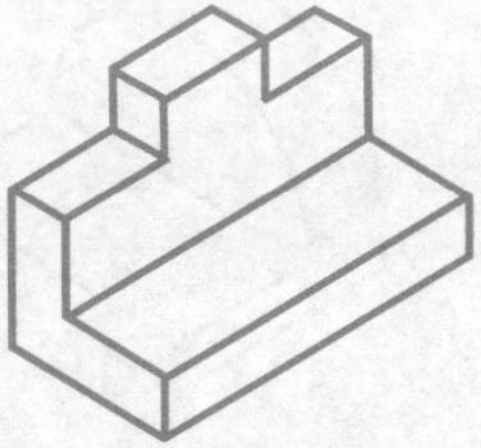

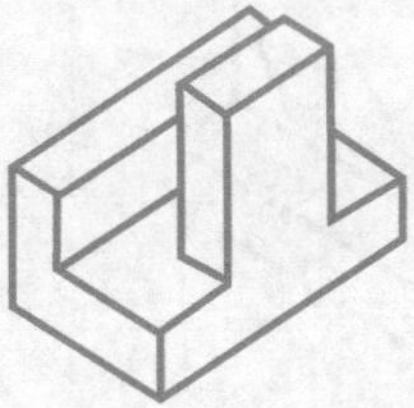

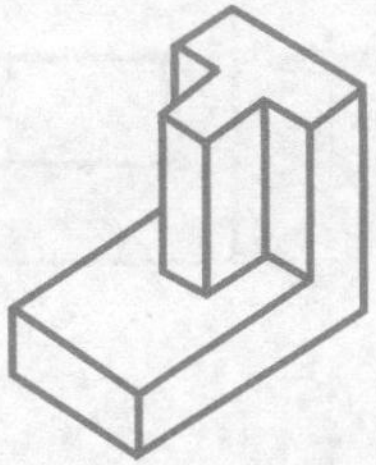

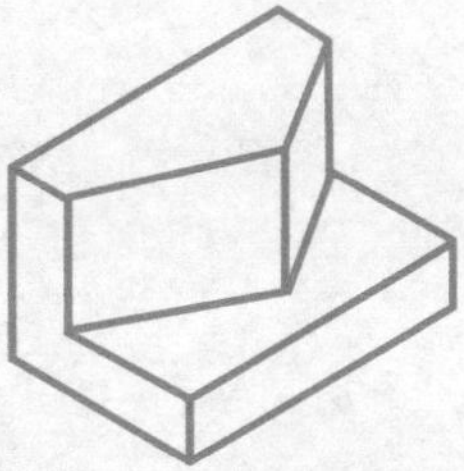

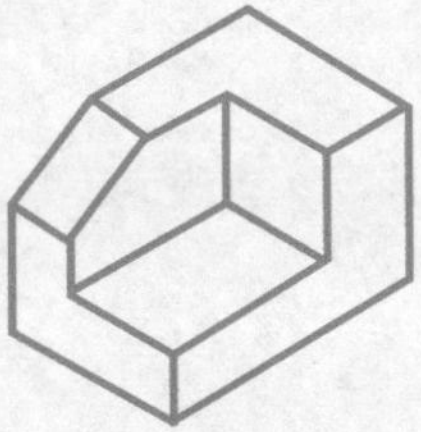

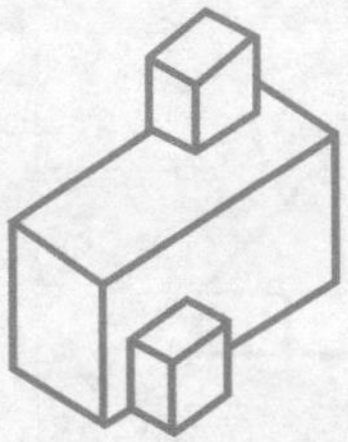

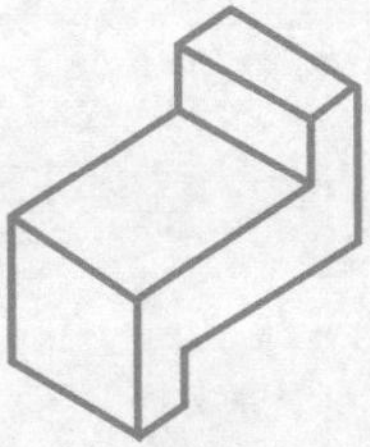

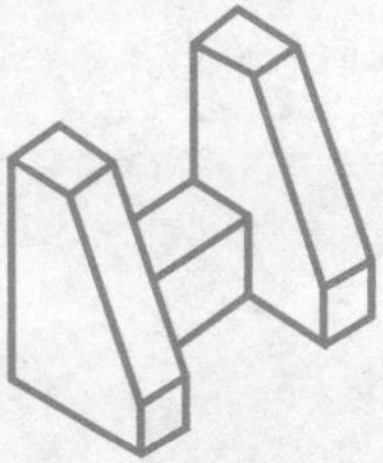

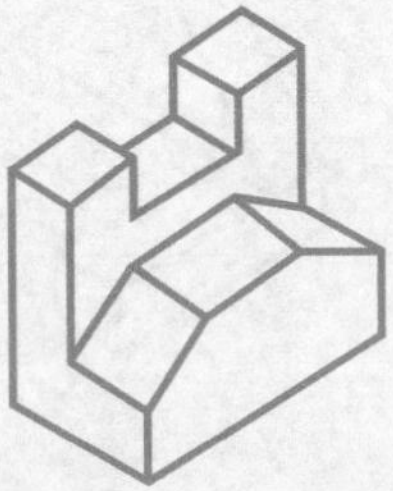

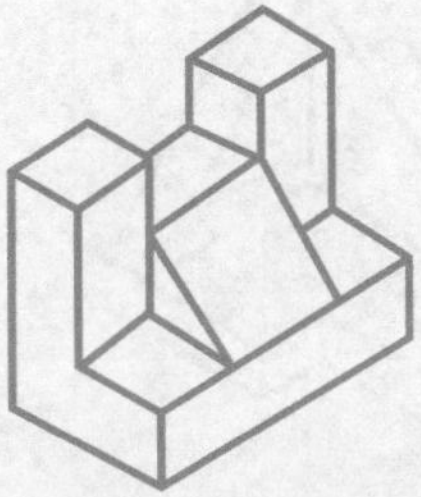

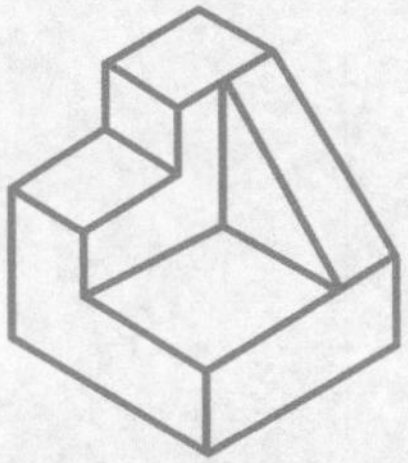

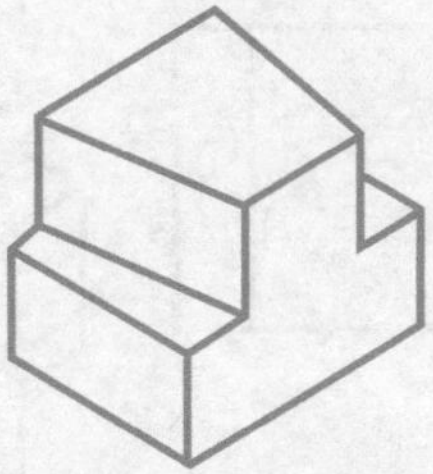

2.3　形体三视图的投影规律与绘制	班级：	姓名：	学号：	分数：

2-8　根据轴测图，绘制三视图（绘制在坐标纸上，不需在轴测图上量取尺寸，大小自定）（续）

17.

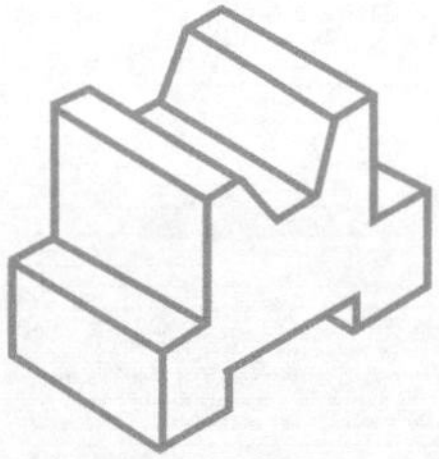

18.

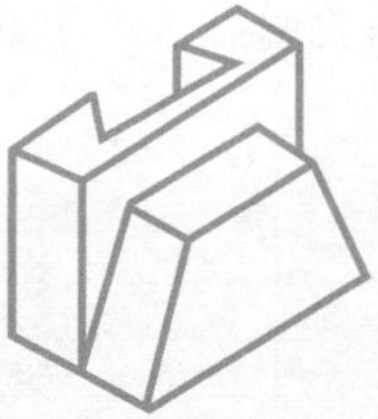

19.

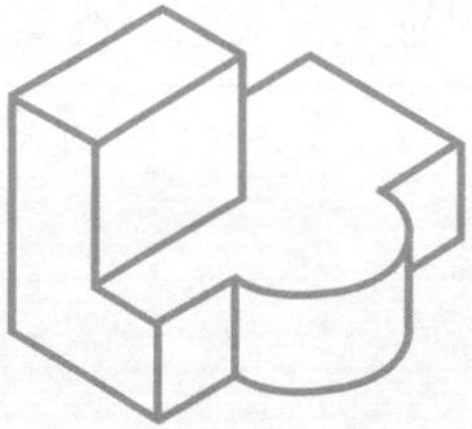

20.

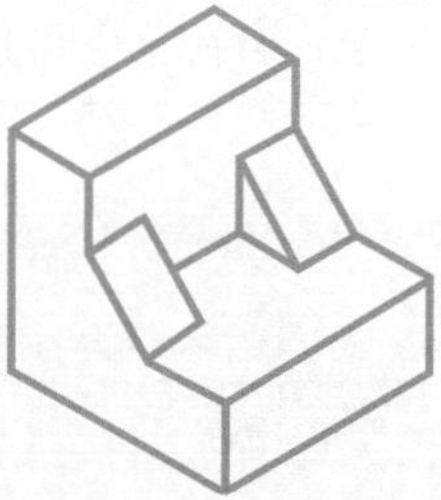

21.

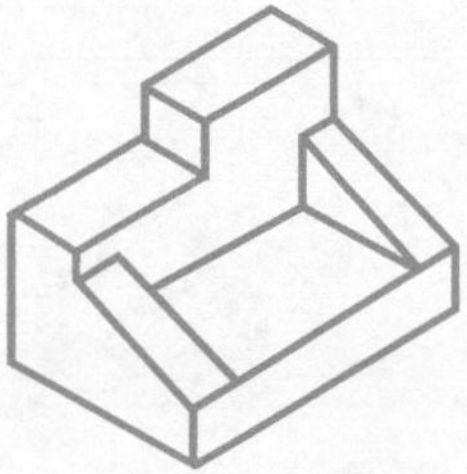

22.

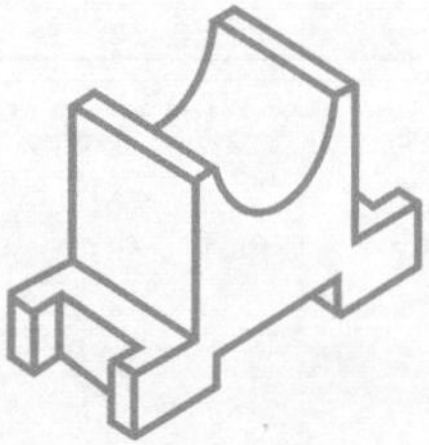

23.

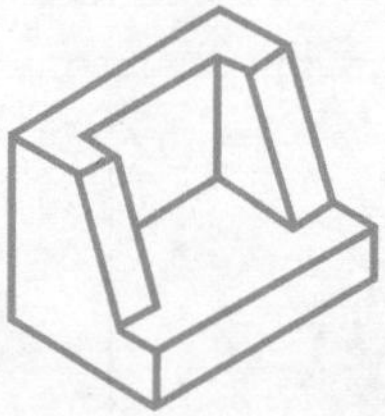

24.

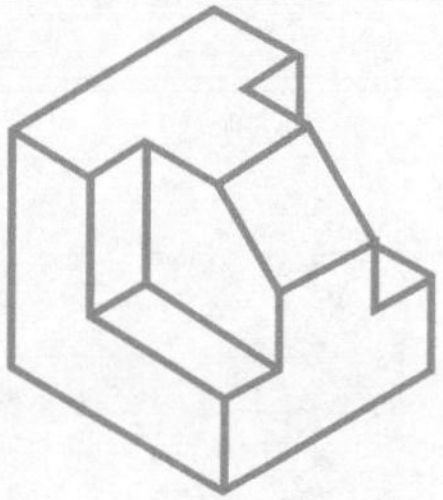

25.

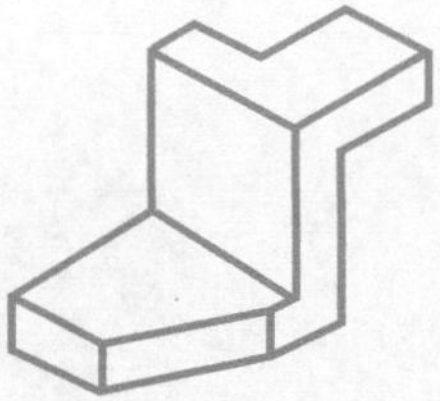

26.

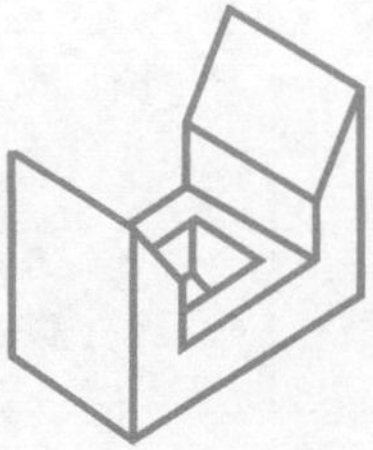

27.

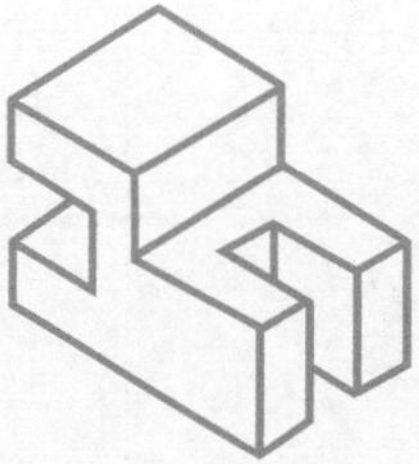

28.

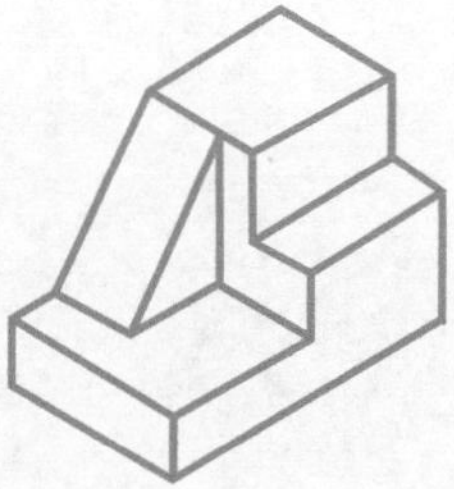

29.

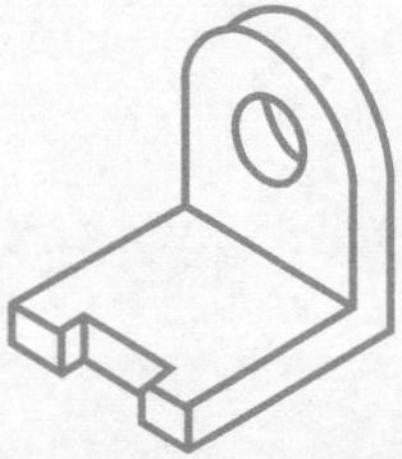

30.

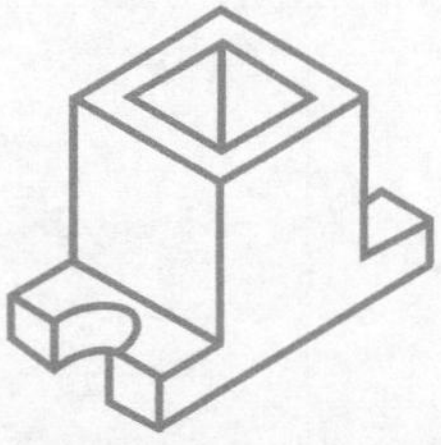

31.

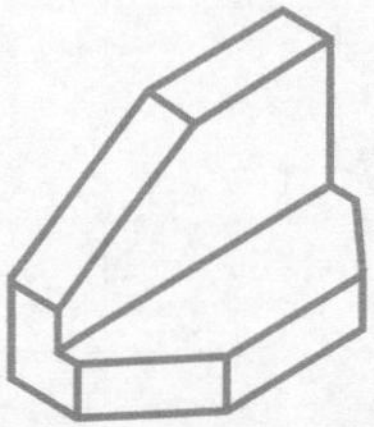

32.

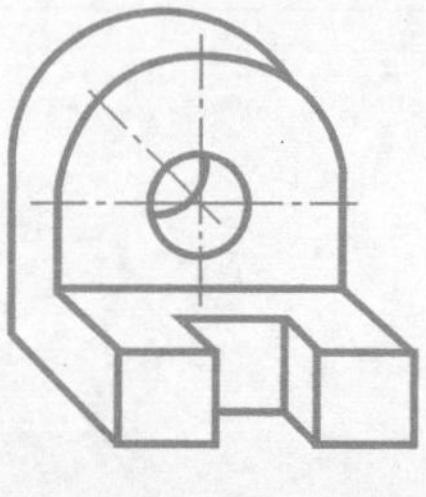

2-9　根据基本体立体图，绘制其三视图（绘制在坐标纸上，不需测量尺寸，大小自定）

说明：可徒手绘制，也可用尺规绘制；要保证三等关系；线型要正确（线宽粗细要明显，表示回转体轴线的细点画线要绘制）

(1)	(2)	(3)	(4) 	(5)
(6)	(7) 	(8)	(9)	(10) 
(11)	(12)	(13)	(14) 	(15) 
(16) 	(17) 	(18) 	(19)	(20)

2-10 根据基本体的两个视图画出第三视图

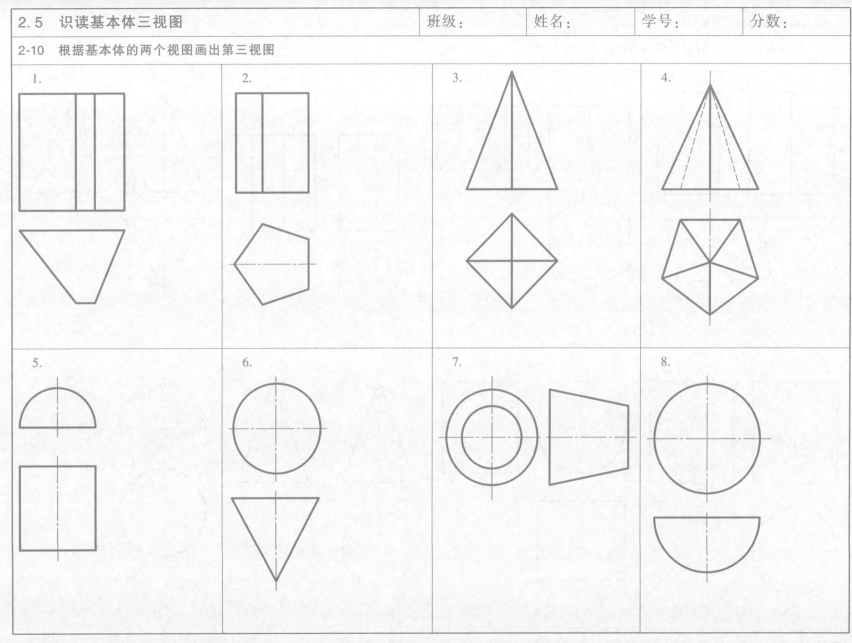

2-11 根据基本体的视图想象空间形状，再标注尺寸

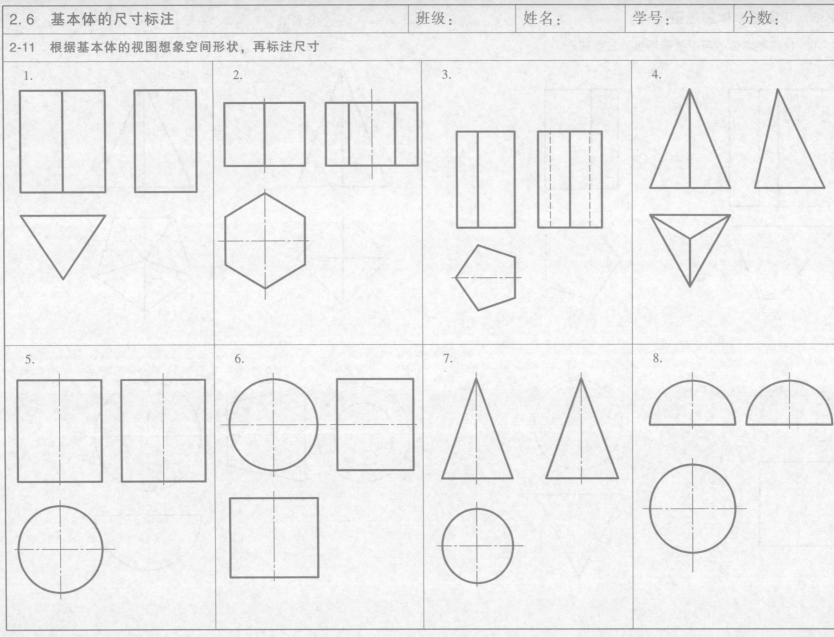

1.

2.

3.

4.

5.

6.

7.

8.

3.1　点的投影与作图方法	班级：	姓名：	学号：	分数：

3-1　点的投影与作图方法

1. 已知各点的两面投影，画出各点的第三面投影	2. 按照点投影的绘制方法绘制四棱柱的左视图（提示：先求点的侧面投影）	3. 按照点投影的绘制方法绘制出正五棱锥的左视图
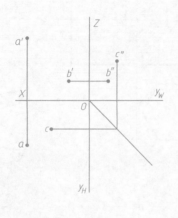	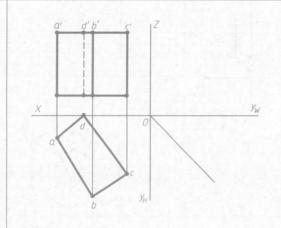	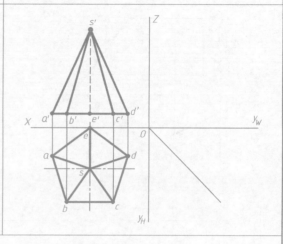

4. 按照点投影的绘制方法绘制出三棱锥的左视图（提示：先求点的侧面投影）	5. 求各点的第三面投影，并比较重影点的相对位置
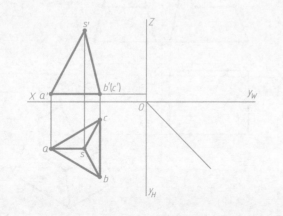 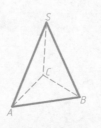	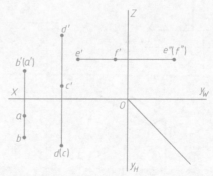 点 A 在点 B 正____方；点 C 在点 D 正____方；点 E 在点 F 正____方

3-2 完成直线 *AB*、*CD*、*EF* 的三面投影

3-3 按照直线投影的绘制方法完成第三视图的绘制（提示：先求点的投影，再连线完成每条直线的绘制）

1.

2.

3.

4.

5.

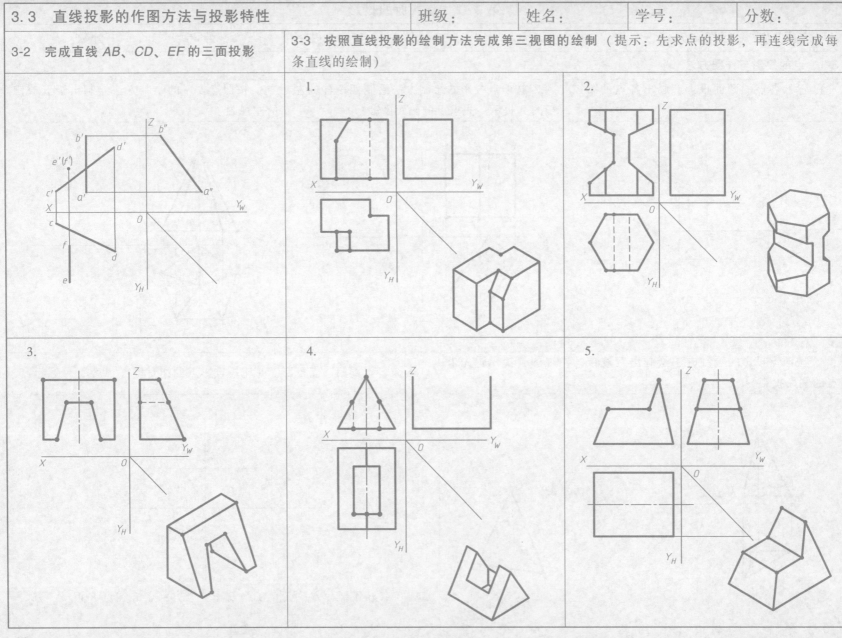

3.4 直线上点的投影规律与作图方法

班级：　　姓名：　　学号：　　分数：

3-4 判断下列直线对投影面的相对位置

1.

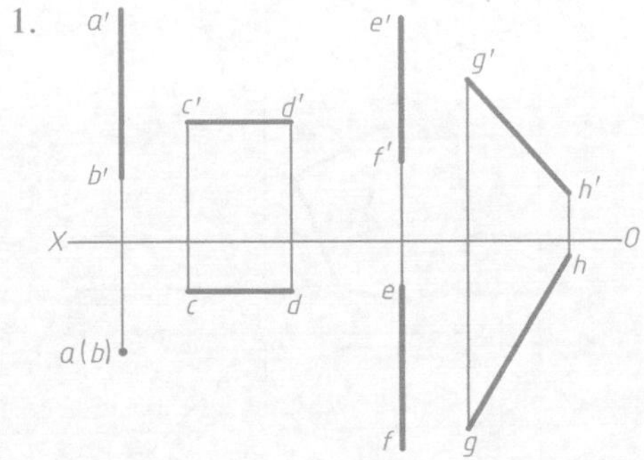

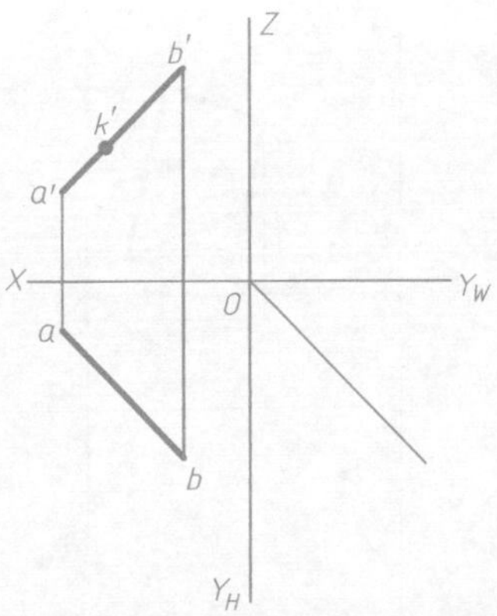

AB 是________线　　*EF* 是________线

CD 是________线　　*GH* 是________线

2.

AB 是________线

AC 是________线

BC 是________线

SA 是________线

SB 是________线

SC 是________线

3-5 已知点 *K* 在直线 *AB* 上，求直线 *AB* 的第三面投影和点 *K* 的另两面投影

1.

2.

3.

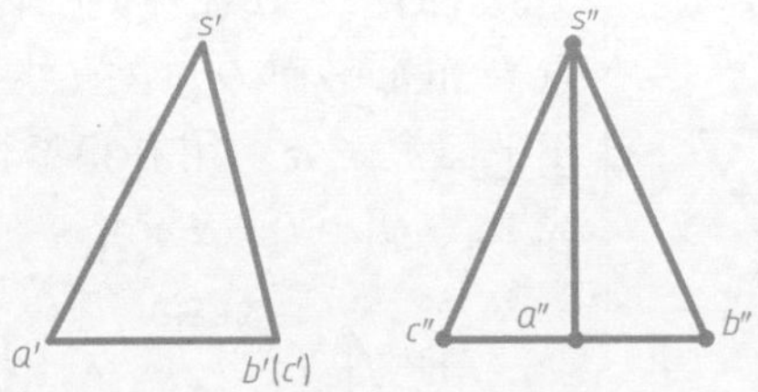

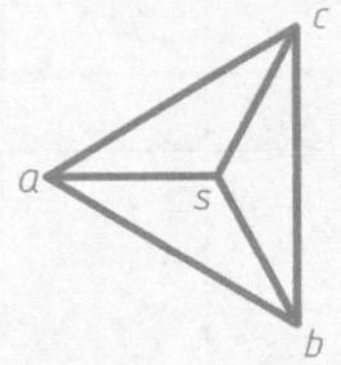

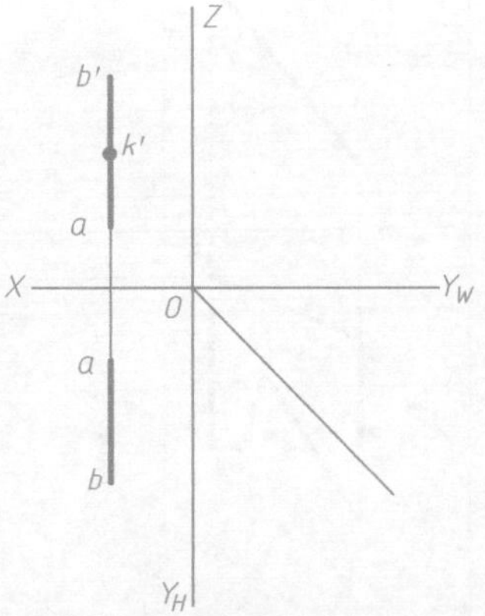

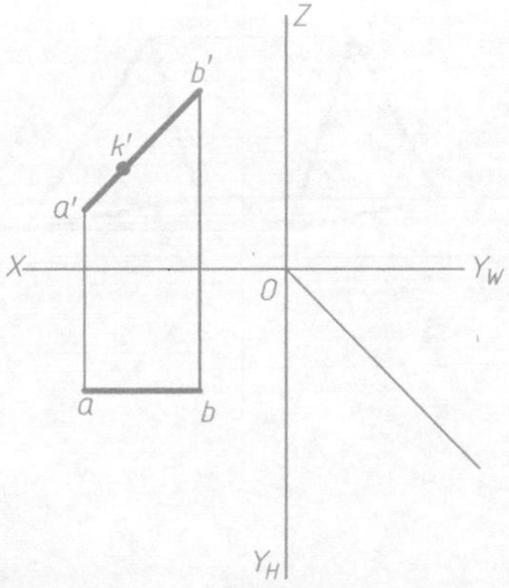

4.

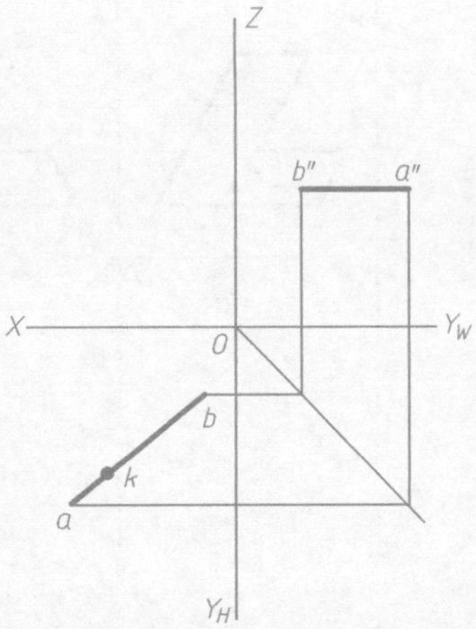

5.

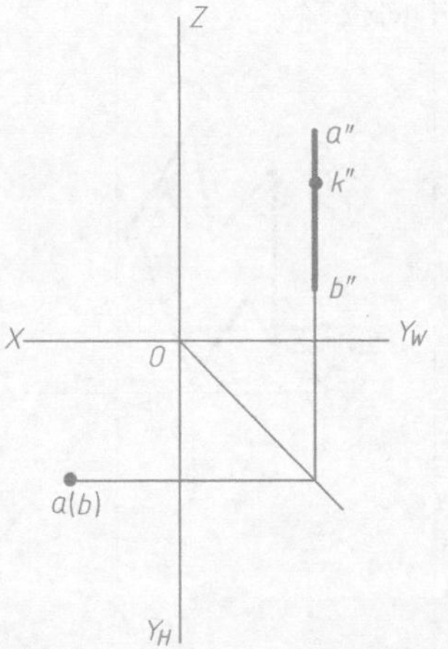

6.

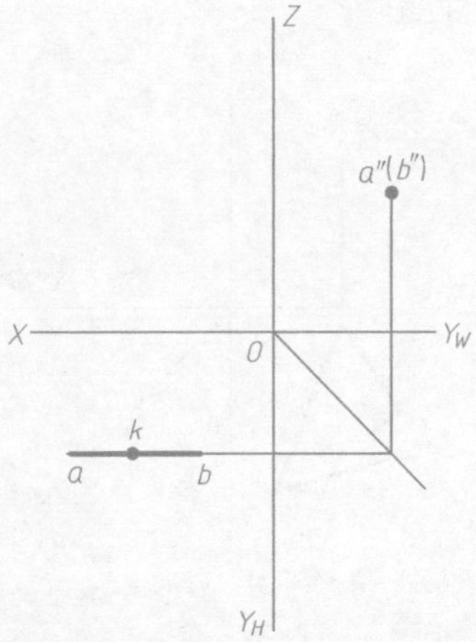

3-6 完成平面的投影

1. 完成平面的水平投影	2. 完成正垂面的侧面投影	3. 完成铅垂面的水平投影和侧面投影	4. 完成侧垂面的侧面投影和水平投影

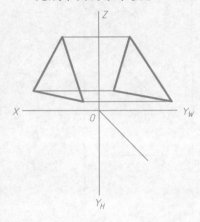
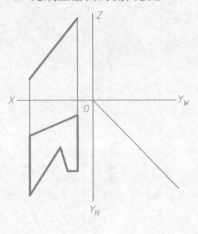
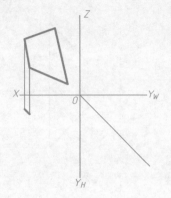
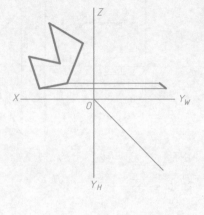

5. 完成水平面的正面投影和侧面投影	6. 完成正平面的水平投影和侧面投影	7. 完成平面的水平投影	8. 含直线 AB 作铅垂面 P、含点 C 作水平面 Q、含直线 DE 作正平面 R（分别用有积聚性的迹线 P_H、Q_V、R_H 表示）

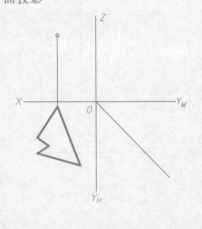
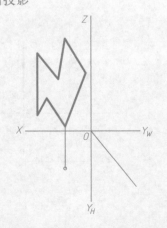
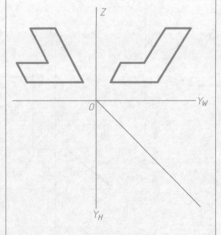
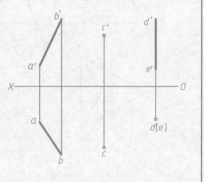

3-7 已知各点、直线在平面上，完成平面的第三面投影和点、直线的另两面投影

3-8 完成多边形平面的三面投影（提示：三点决定平面，根据点在平面上求）

3-9 已知点 K 在相交 ABC 的平面上，求点 K 的正面投影

1. 四边形

2. 五边形

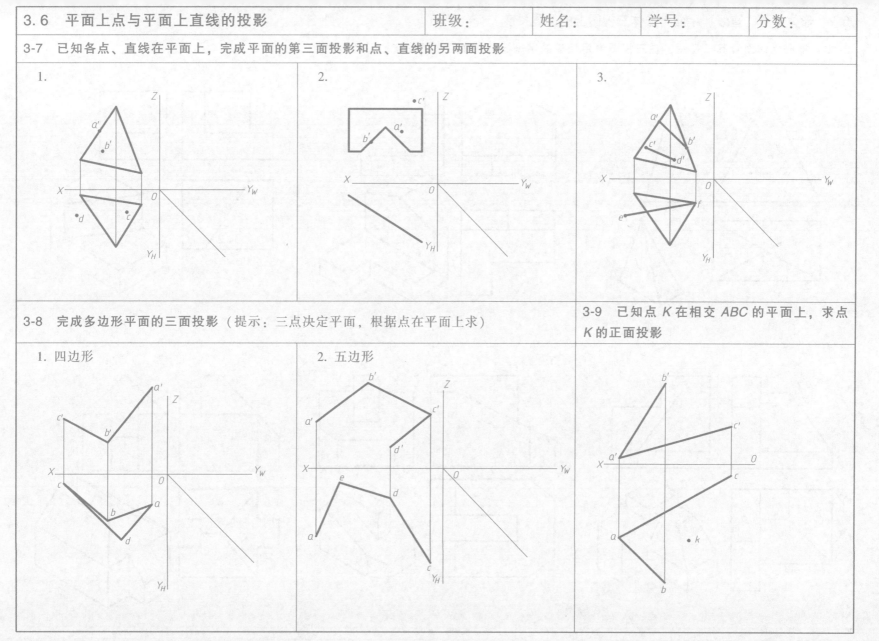

3-10 根据立体图及其三视图，在三视图中用相应的字母标出立体图上标注点的三面投影

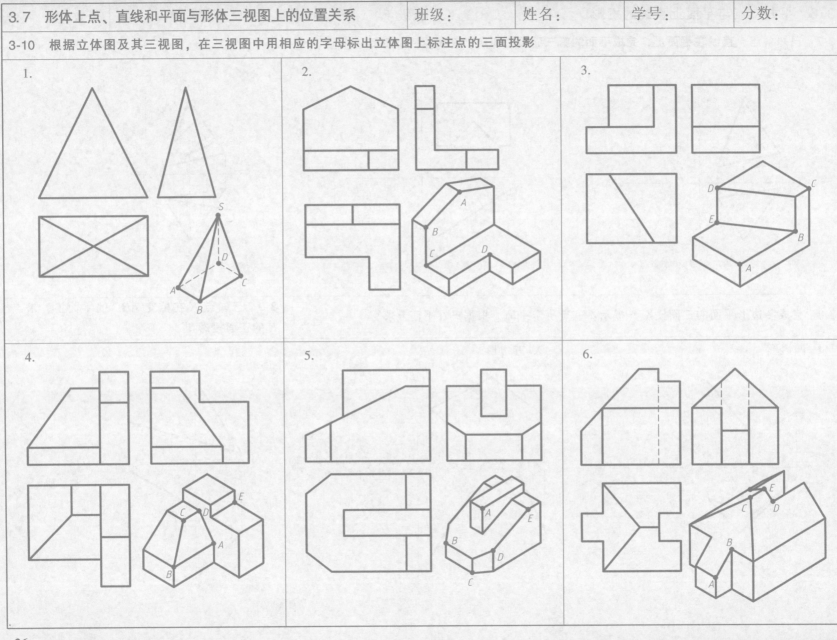

3-11　根据立体图及其三视图，用彩色铅笔加深直线 AB、CD 的三面投影，或在立体图中注出直线 EF、GH 的位置

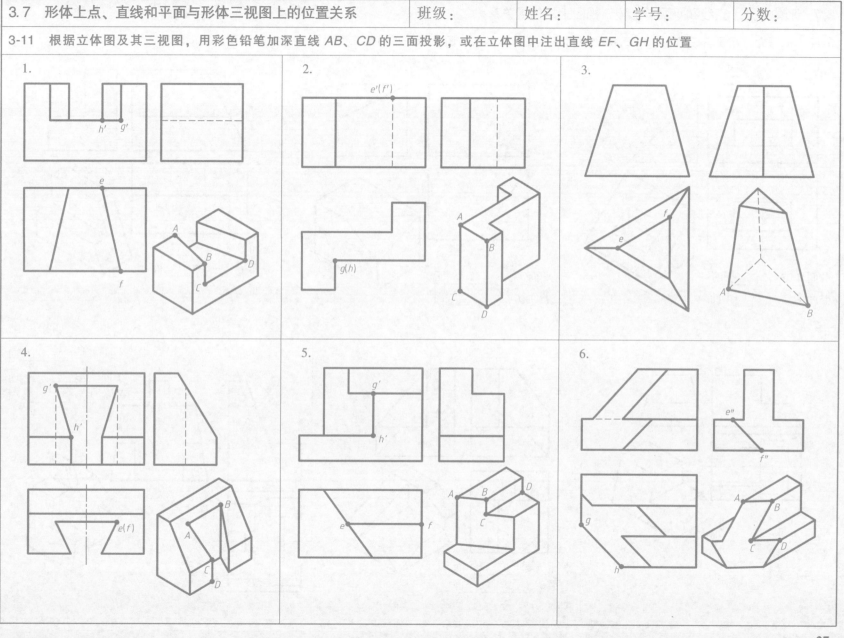

1.

2.

3.

4.

5.

6.

3-12　根据立体图及其三视图，在三视图中用彩色铅笔标出立体图上标注平面的三面投影，并判断平面的空间位置

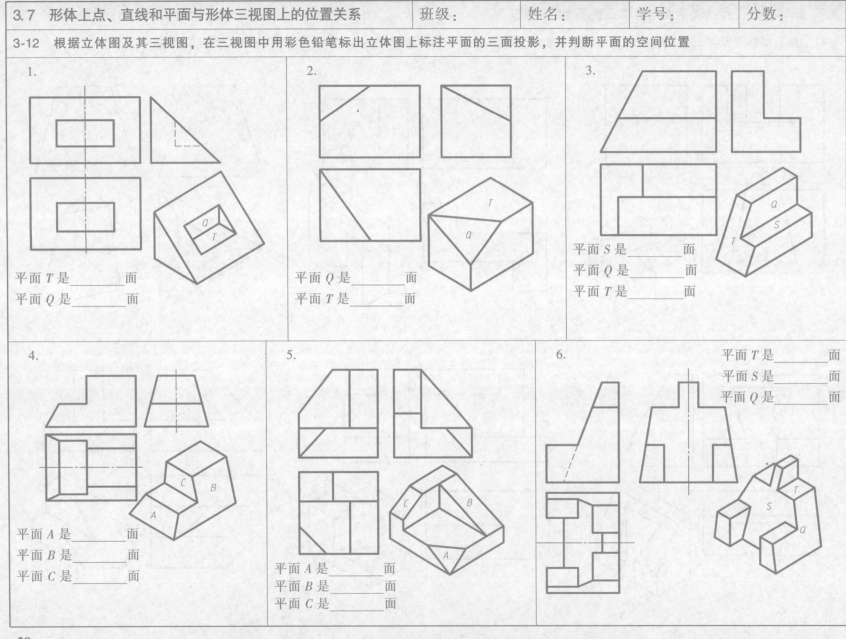

1.

平面 T 是_____面

平面 Q 是_____面

2.

平面 Q 是_____面

平面 T 是_____面

3.

平面 S 是_____面

平面 Q 是_____面

平面 T 是_____面

4.

平面 A 是_____面

平面 B 是_____面

平面 C 是_____面

5.

平面 A 是_____面

平面 B 是_____面

平面 C 是_____面

6.

平面 T 是_____面

平面 S 是_____面

平面 Q 是_____面

3.7　形体上点、直线和平面与形体三视图上的位置关系	班级：	姓名：	学号：	分数：

3-13　根据立体图及其三视图，在立体图中用相应的字母标出三视图上标注平面的位置，并判断平面的空间位置

1.

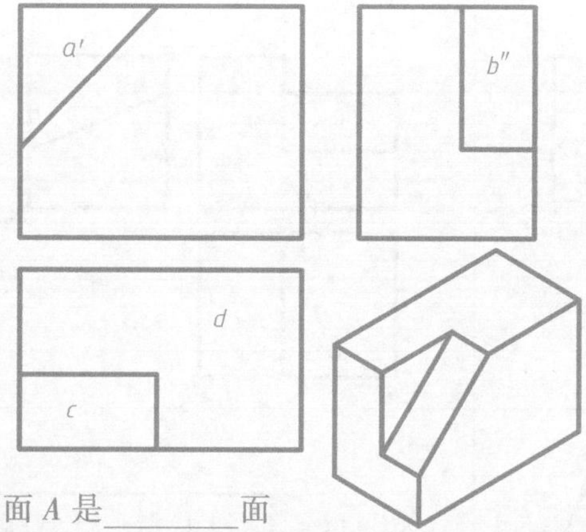

平面 *A* 是________面

平面 *B* 是________面

2.

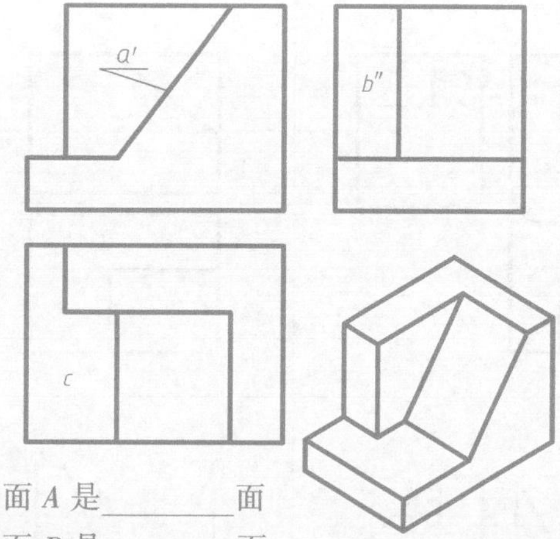

平面 *A* 是________面

平面 *B* 是________面

3.

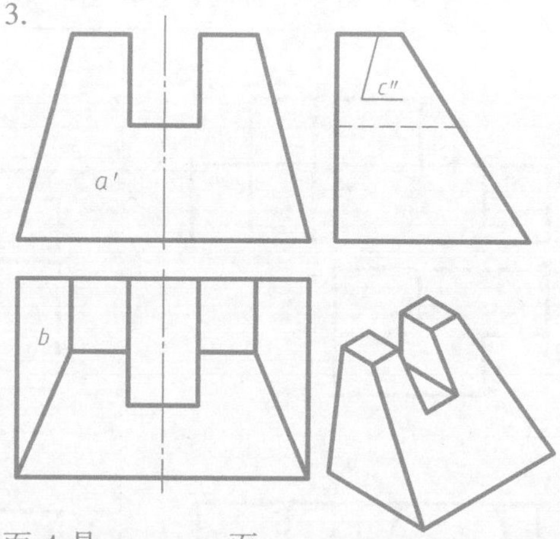

平面 *A* 是________面

4.

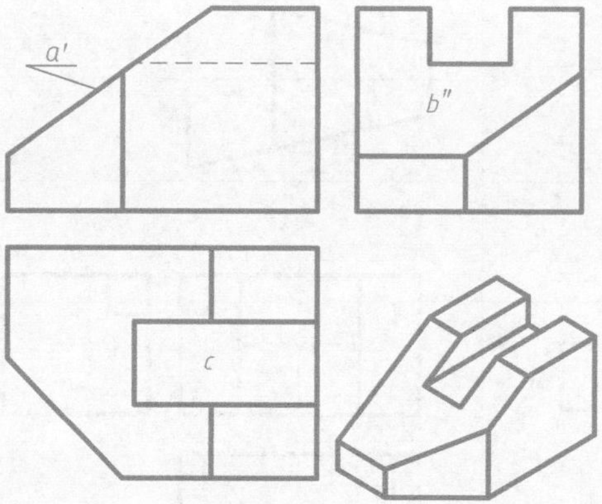

平面 *B* 是________面

5.

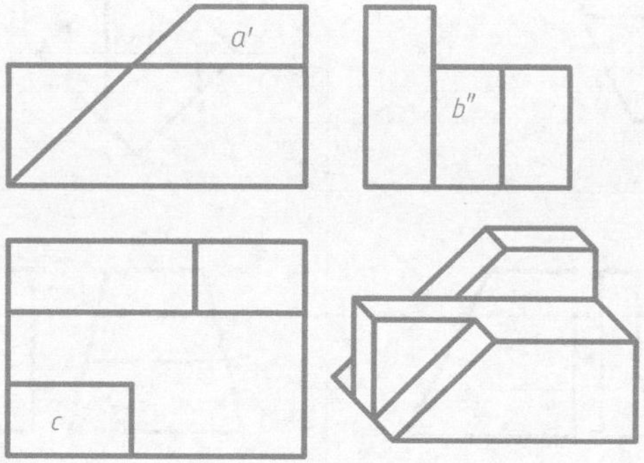

平面 *A* 是________面

平面 *B* 是________面

平面 *C* 是________面

6.

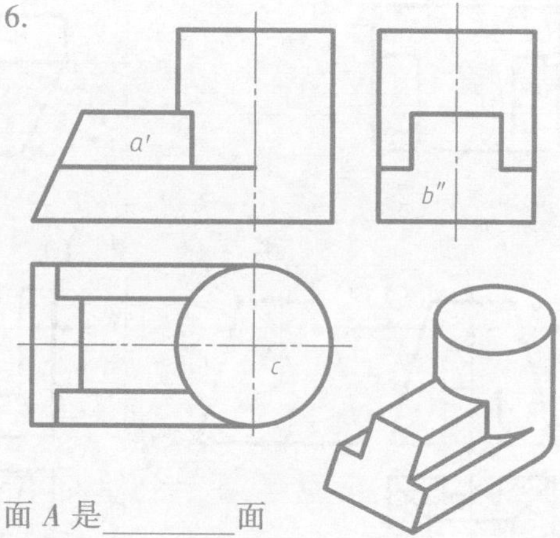

平面 *A* 是________面

平面 *B* 是________面

4.1　切割体三视图的识读	班级：	姓名：	学号：	分数：

4-1　识读平面切割体三视图，想象空间结构形状，制作其模型（可以用橡皮泥制作）

1.

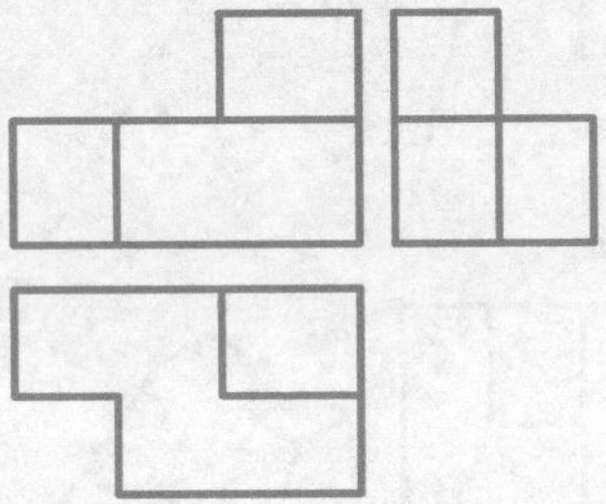

2.

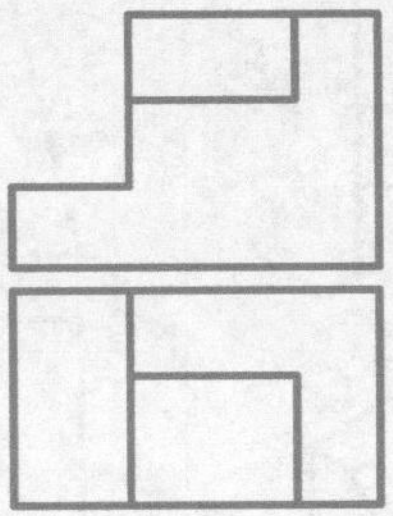

3.

4.

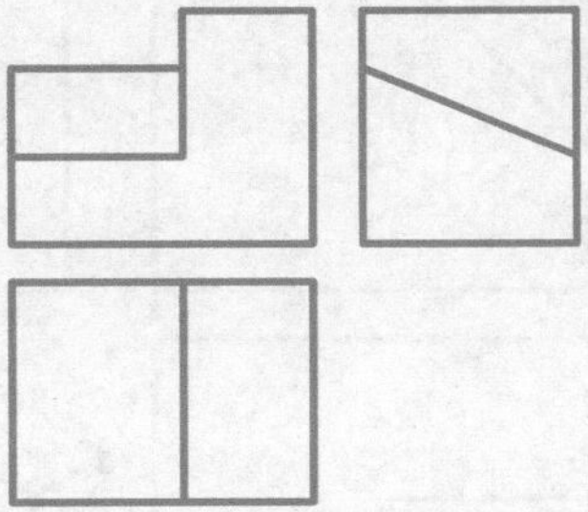

5.

6.

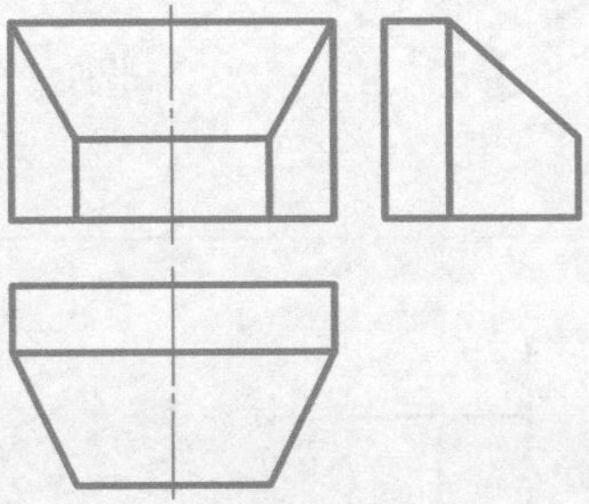

7.

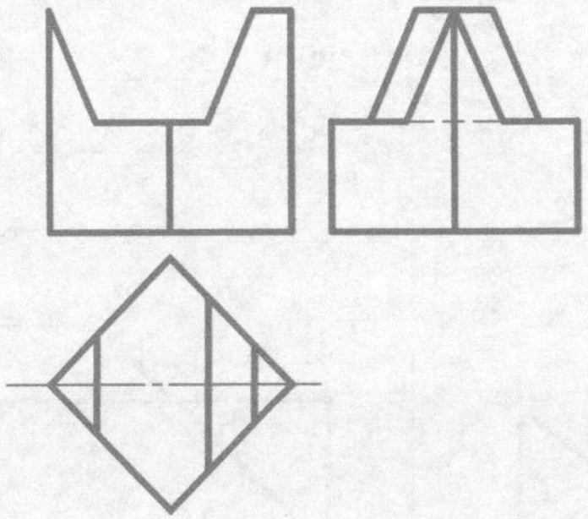

8.

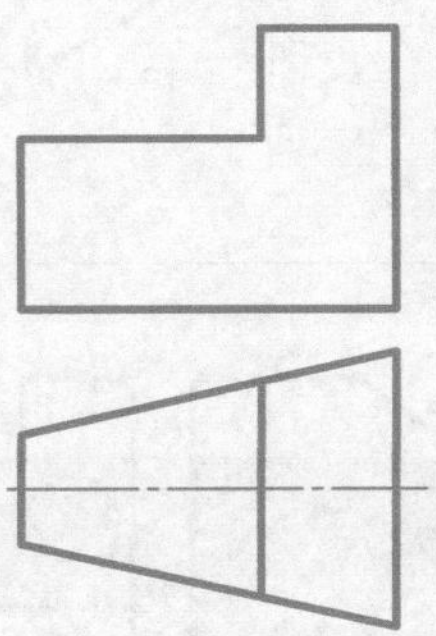

9.

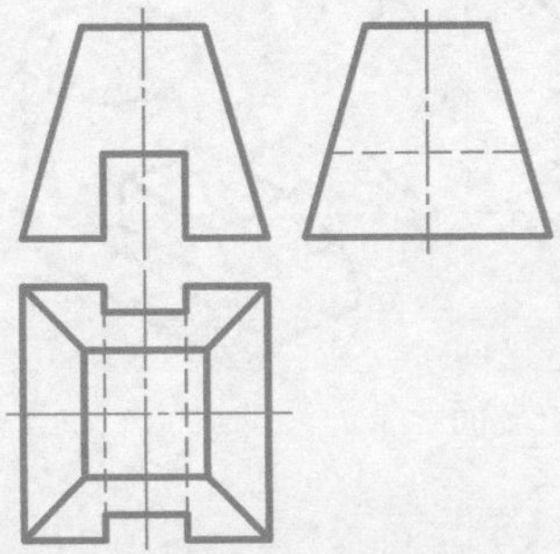

10.

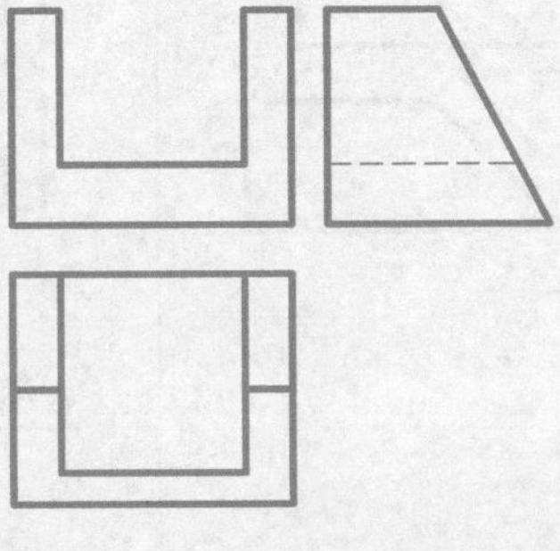

11.

12.

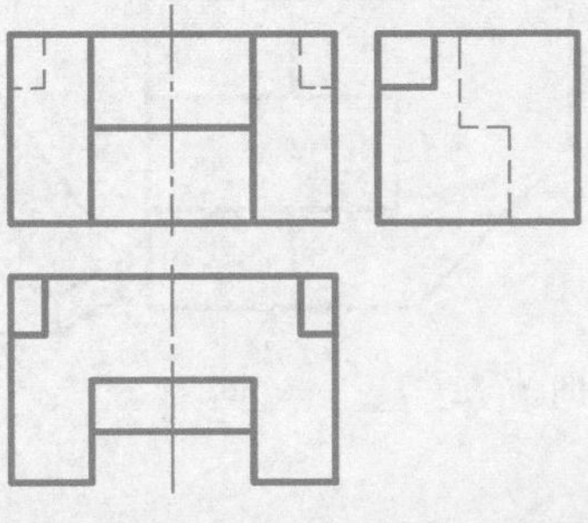

4-2　识读回转体切割体三视图，想象空间结构形状，制作其模型（可以用橡皮泥制作）

1.

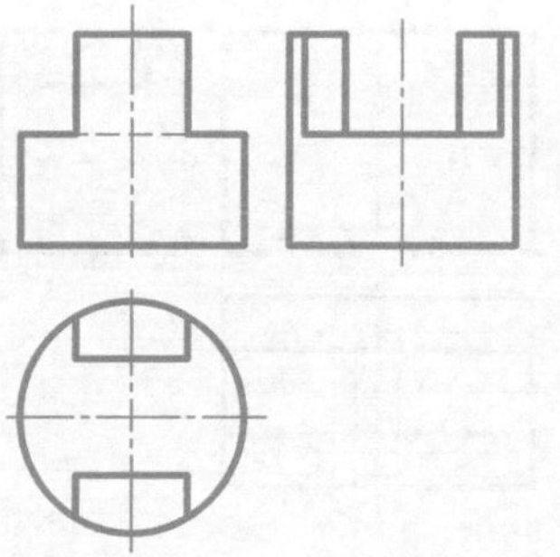

2.

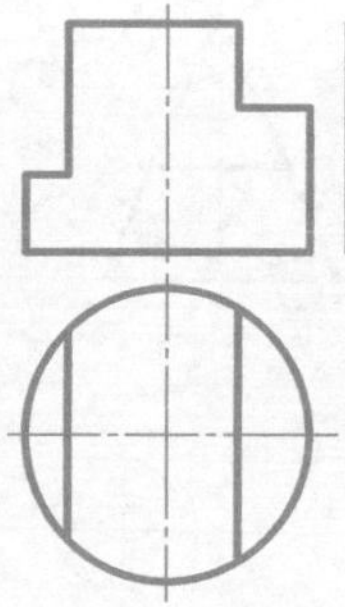

3.

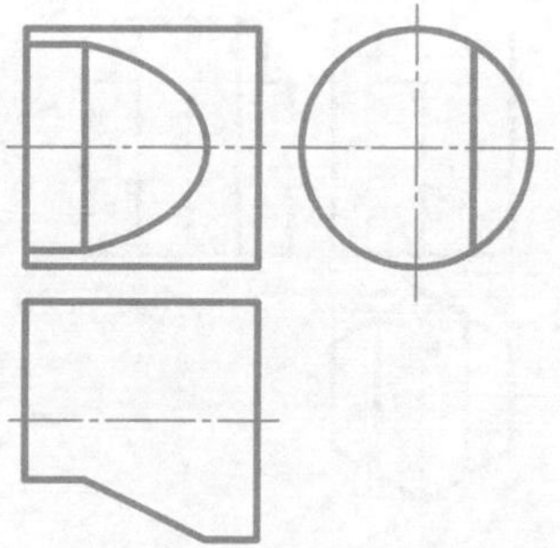

4.

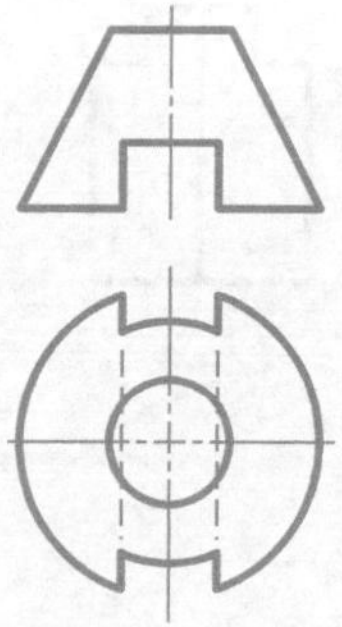

5.

6.

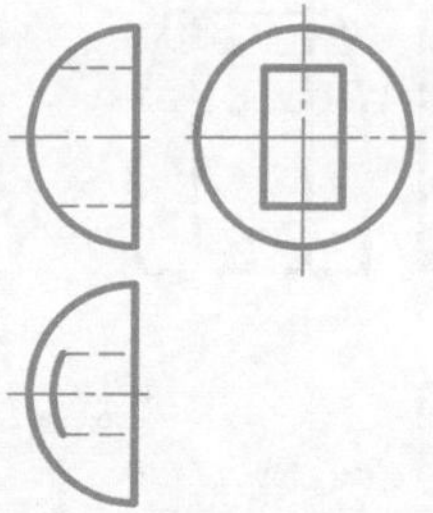

7.

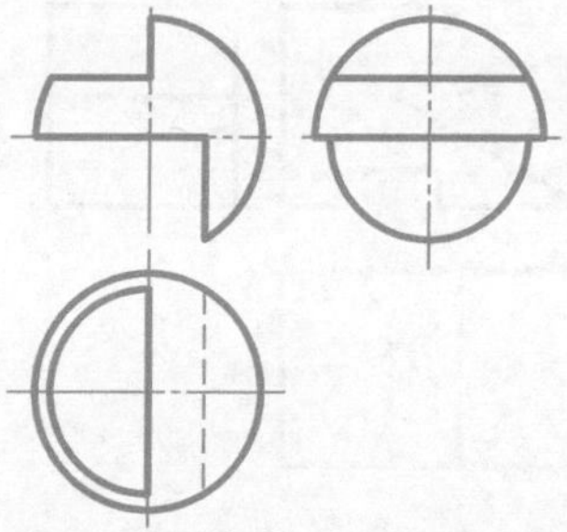

8.

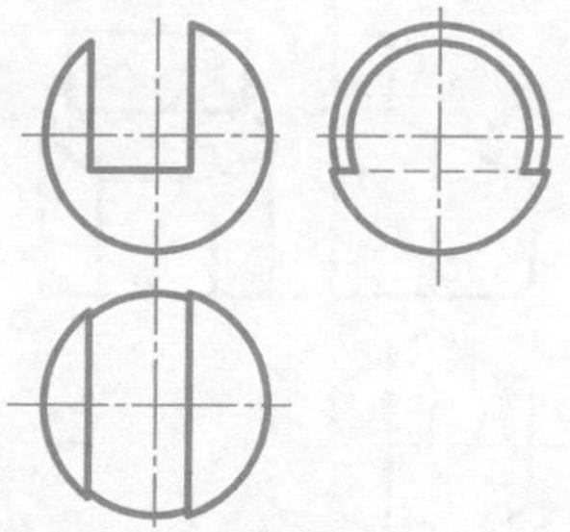

9.

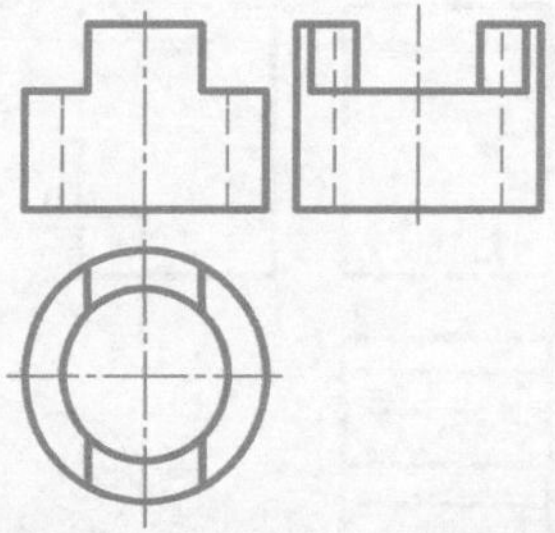

10.

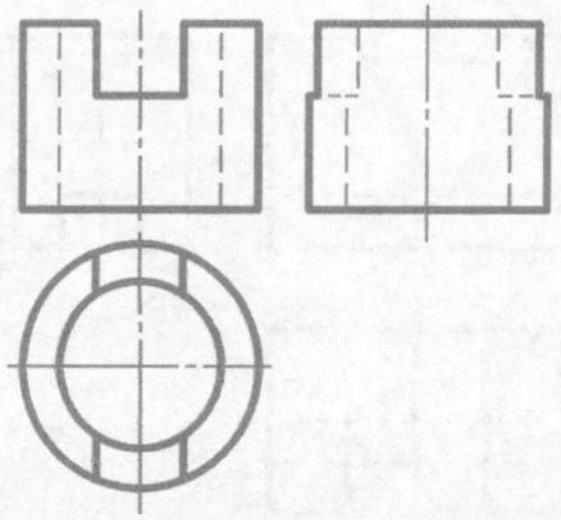

11.

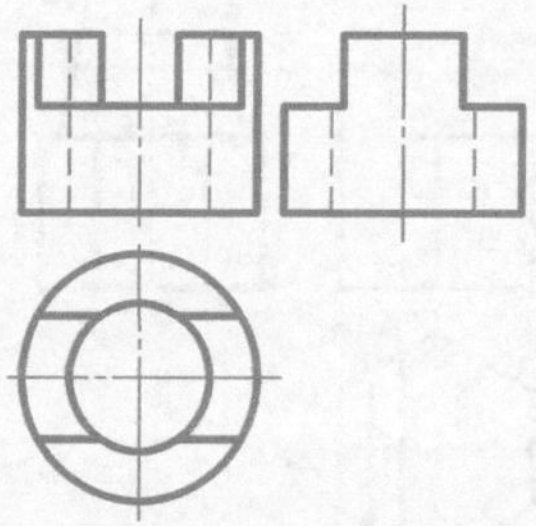

12.

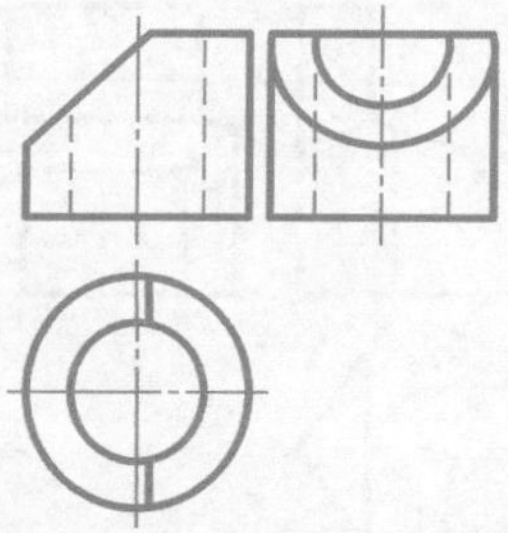

4-3 将平面切割体立体图与相对应三视图组对，将立体图序号填写在三视图圆圈内（此页为三视图，立体图在P34）

1.

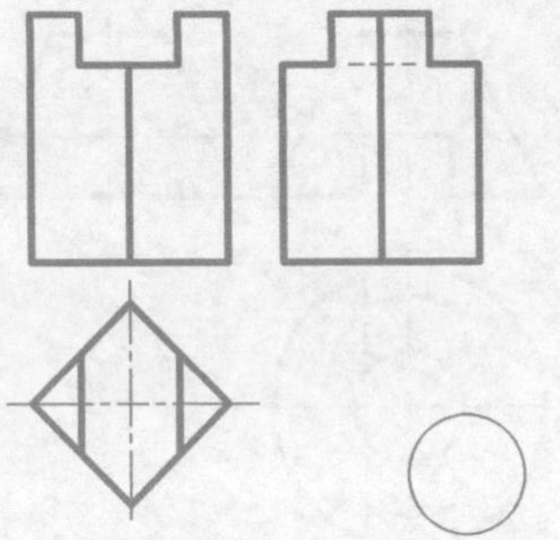

2.

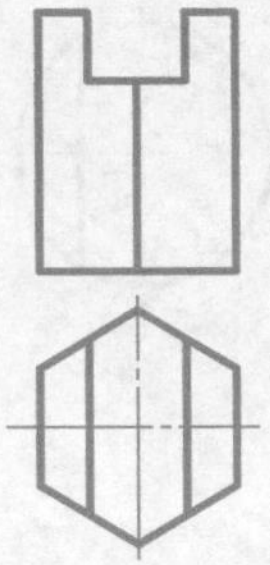

3.

4.

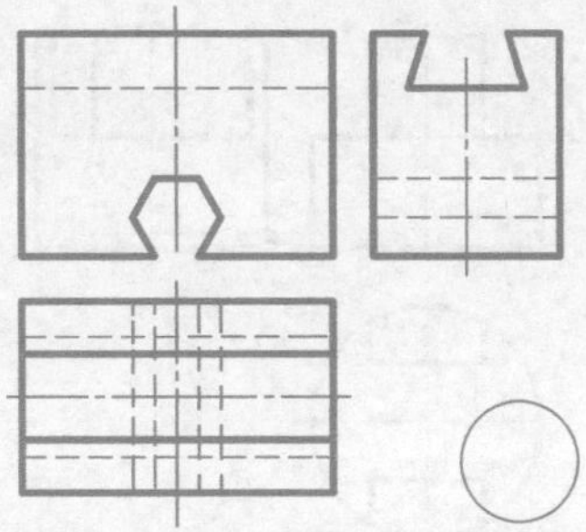

5.

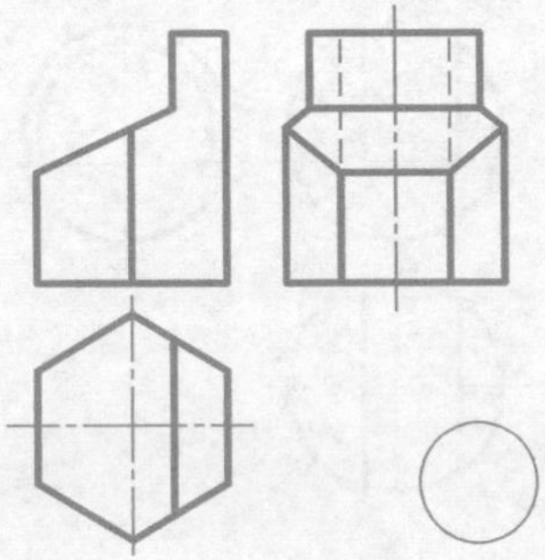

6.

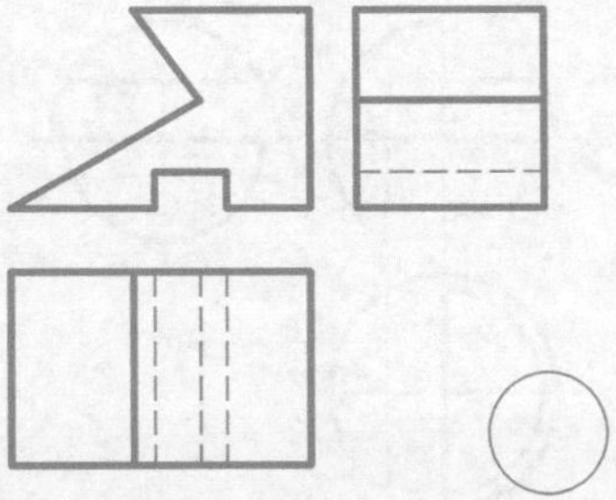

7.

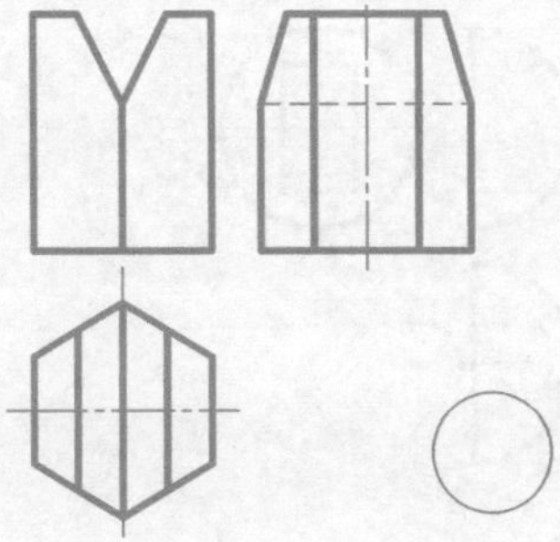

8.

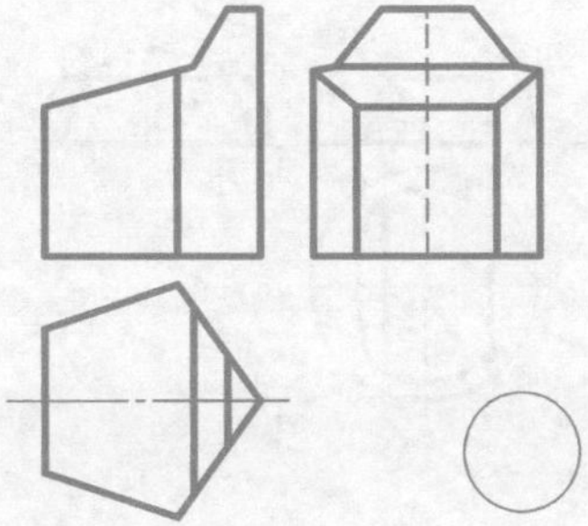

9.

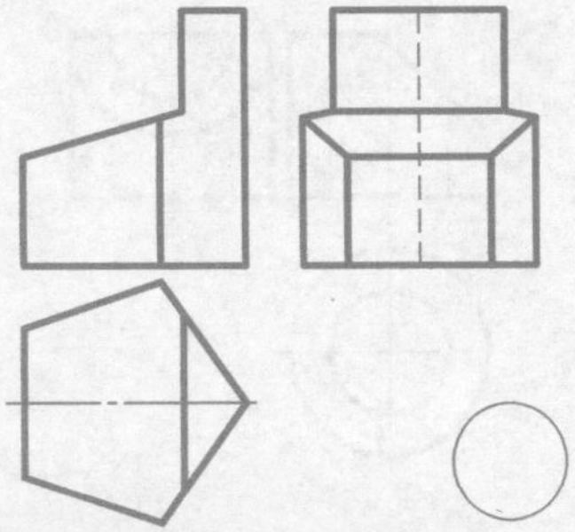

10.

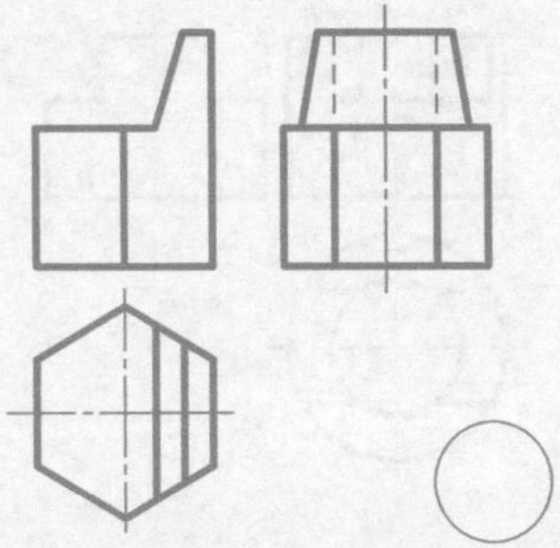

11.

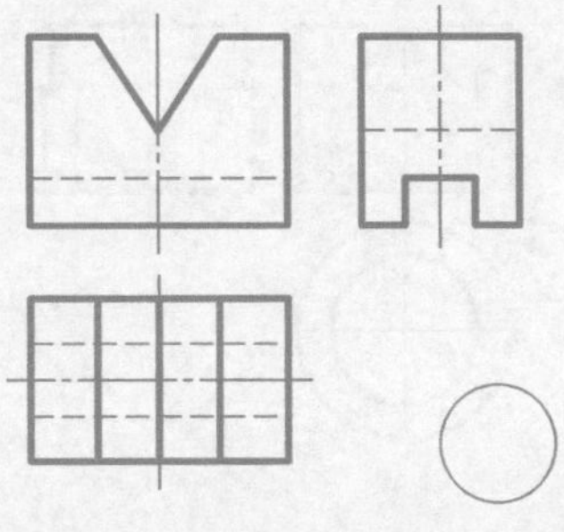

12.

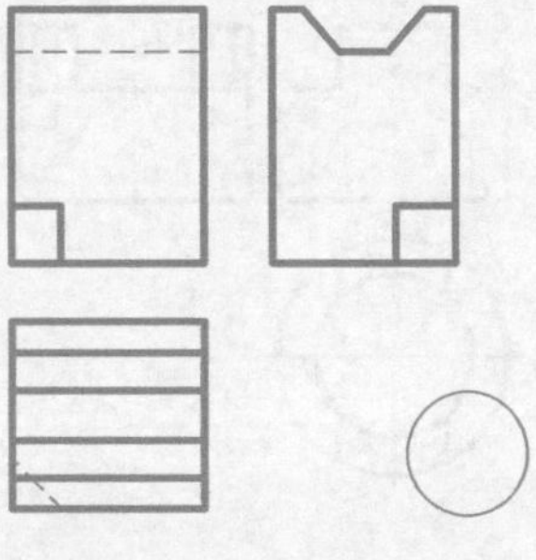

4-3 将平面切割体立体图与相对应三视图组对，将立体图序号填写在三视图圆圈内（此页为三视图，立体图在P34）（续）

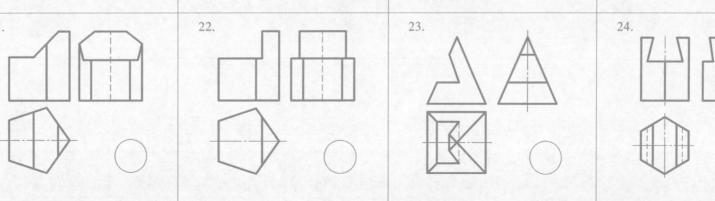

4-3 将平面切割体立体图与相对应三视图组对，将立体图序号填写在三视图圆圈内（此页为立体图）（续）

1.	2.	3.	4.	5.	6.
7.	8.	9.	10.	11.	12.
13.	14.	15.	16.	17.	18.
19.	20.	21.	22.	23.	24.

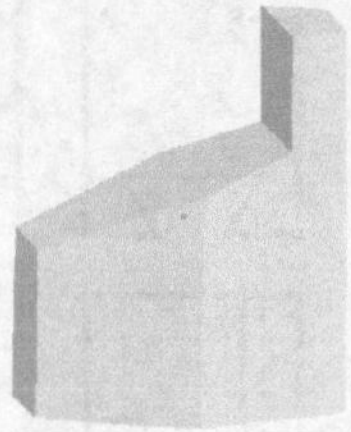

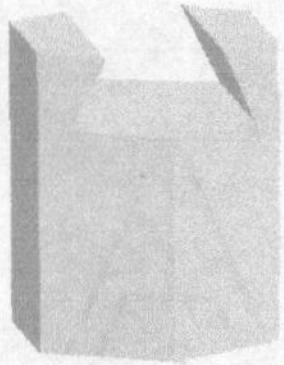

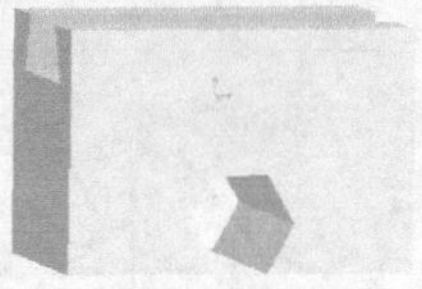

4-4 将回转切割体立体图与相对应三视图组对，将立体图序号填写在三视图圆圈内（此页为三视图，立体图在P37）

1.
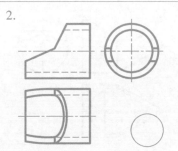

2.
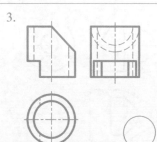

3.
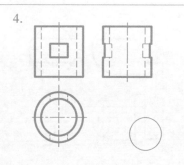

4.

5.
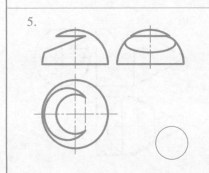

6.
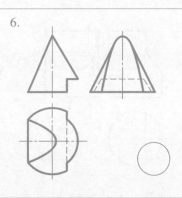

7.
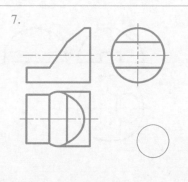

8.
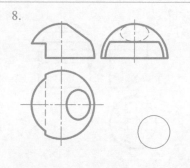

9.
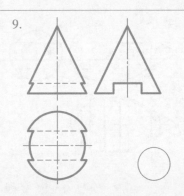

10.
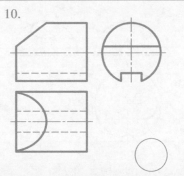

11.
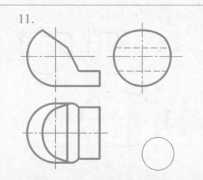

12.
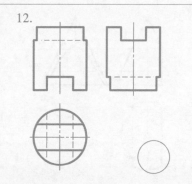

4-4　将回转切割体立体图与相对应三视图组对，将立体图序号填写在三视图圆圈内（此页为三视图，立体图在 P37）（续）

13.	14.	15.	16.

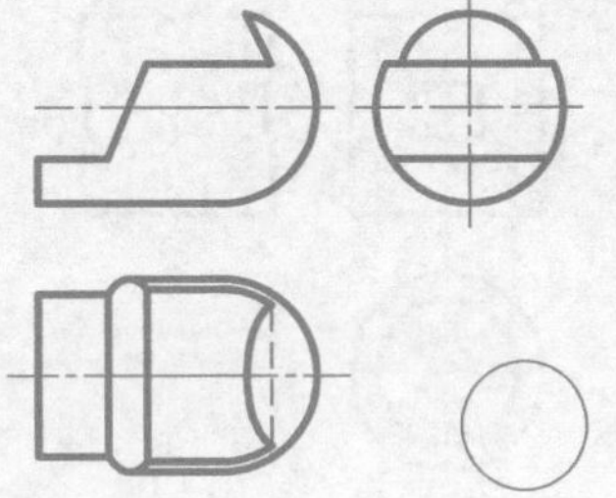

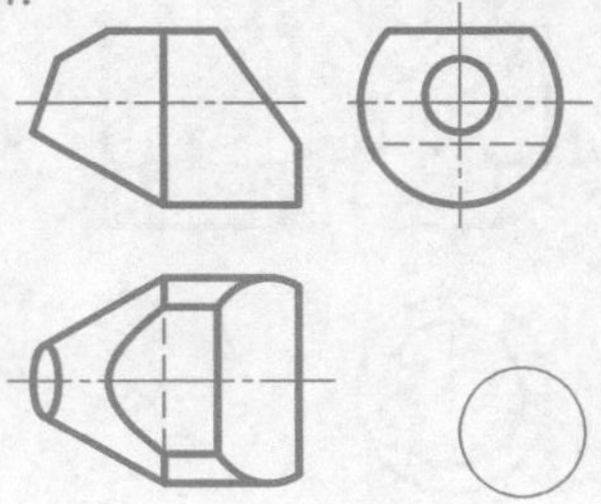

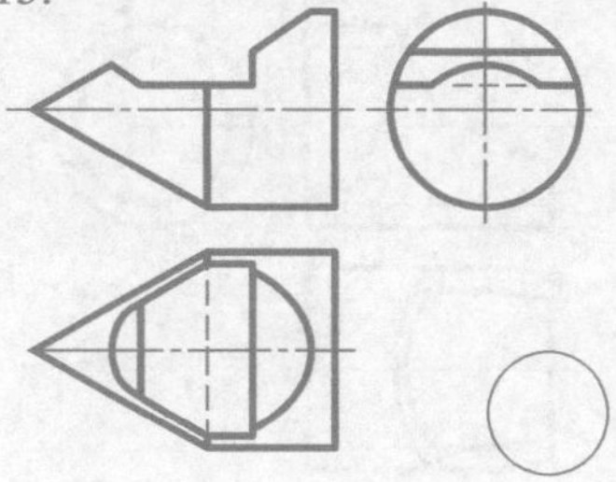

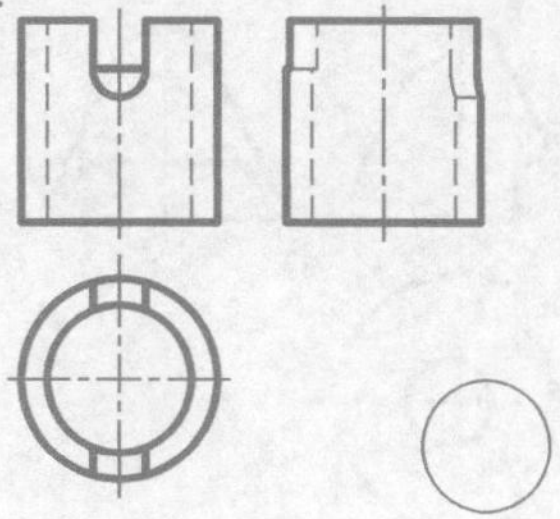

17.	18.	19.	20.

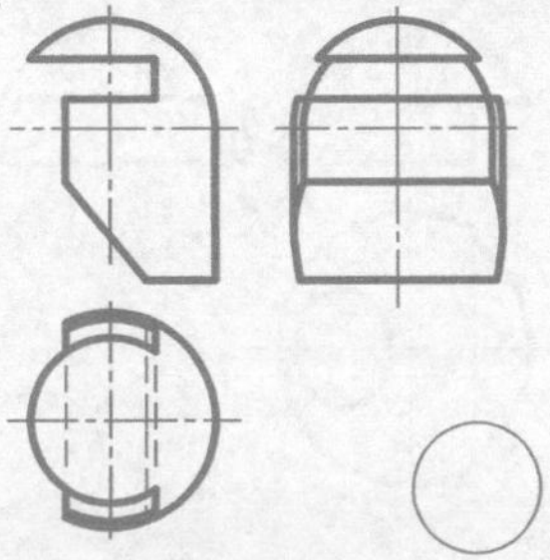

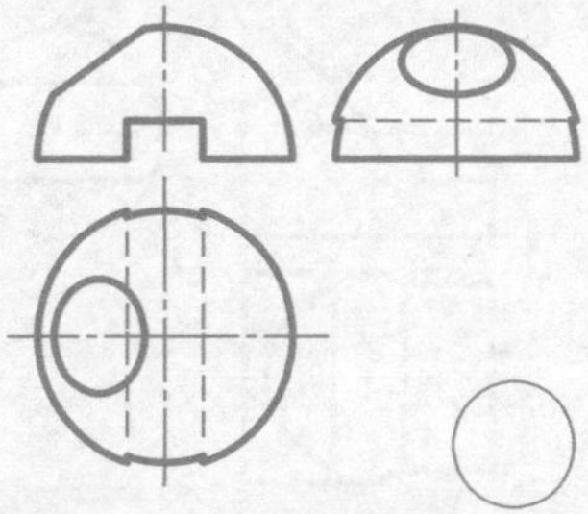

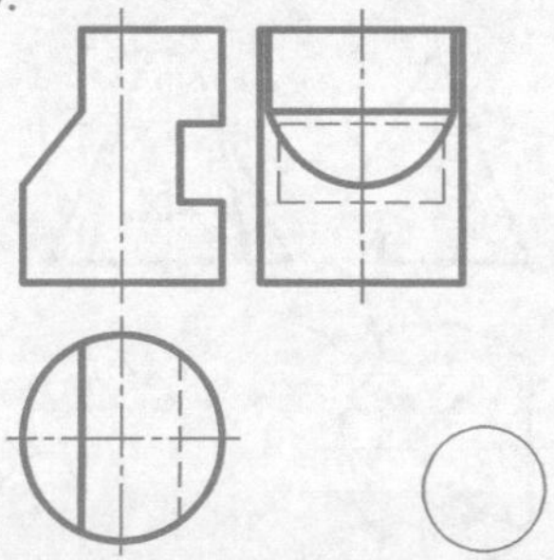

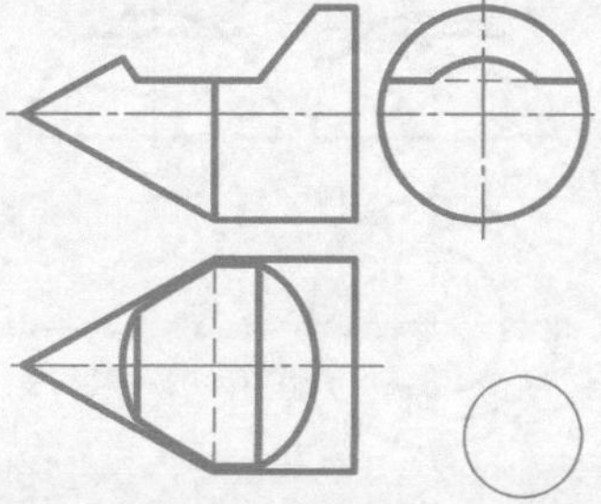

21.	22.	23.	24.

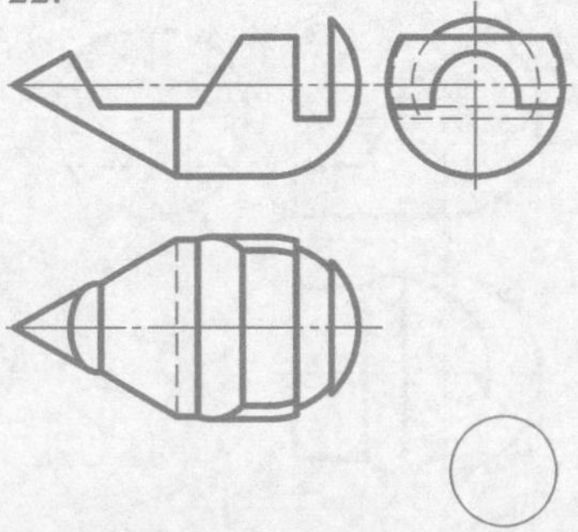

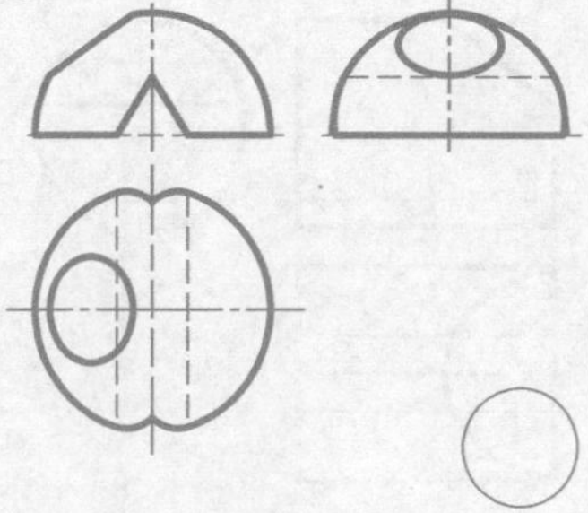

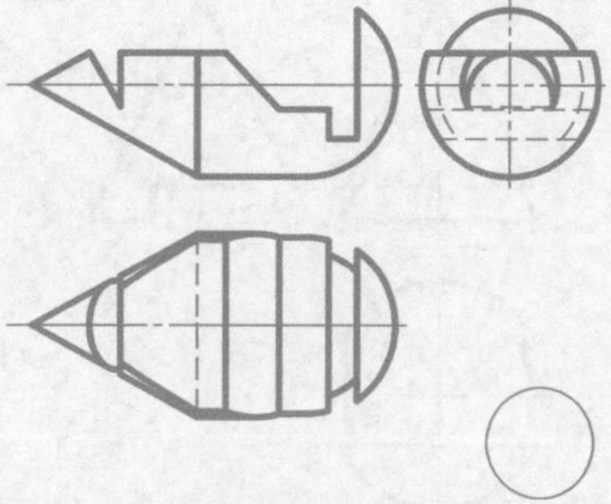

4-4 将回转切割体立体图与相对应三视图组对，将立体图序号填写在三视图圆圈内（此页为立体图）（续）

1.	2.	3.	4.	5.	6.
7.	8.	9.	10.	11.	12.
13.	14.	15.	16.	17.	18.
19.	20.	21.	22.	23.	24.

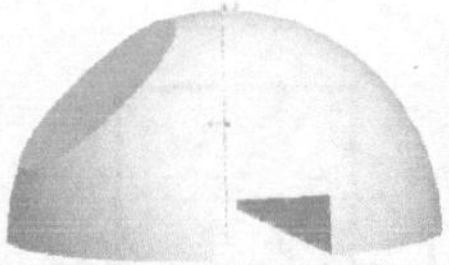

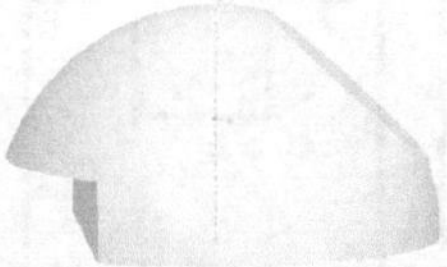

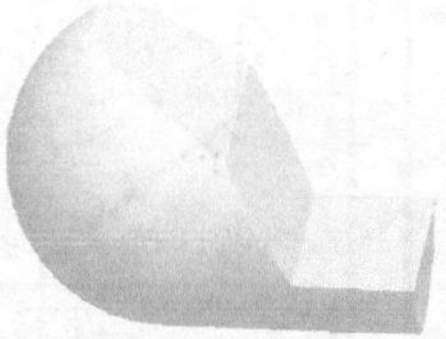

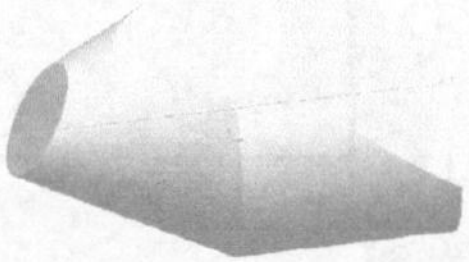

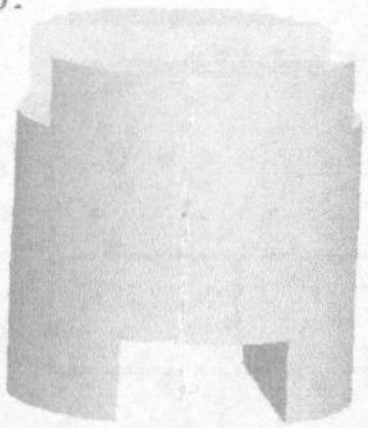

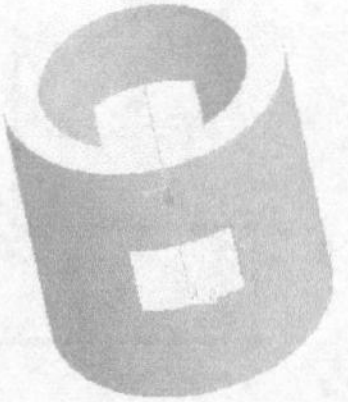

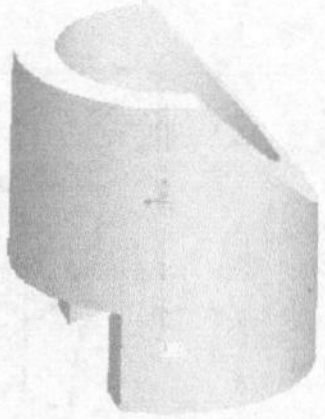

4-5 根据不完整的三视图想象其空间形状，补线完成三视图

1. 主视图与俯视图上补线

2. 左视图与俯视图上补线

3. 左视图与俯视图上补线

4. 主视图与左视图上补线

5. 左视图与俯视图上补线

6. 主视图与俯视图上补线

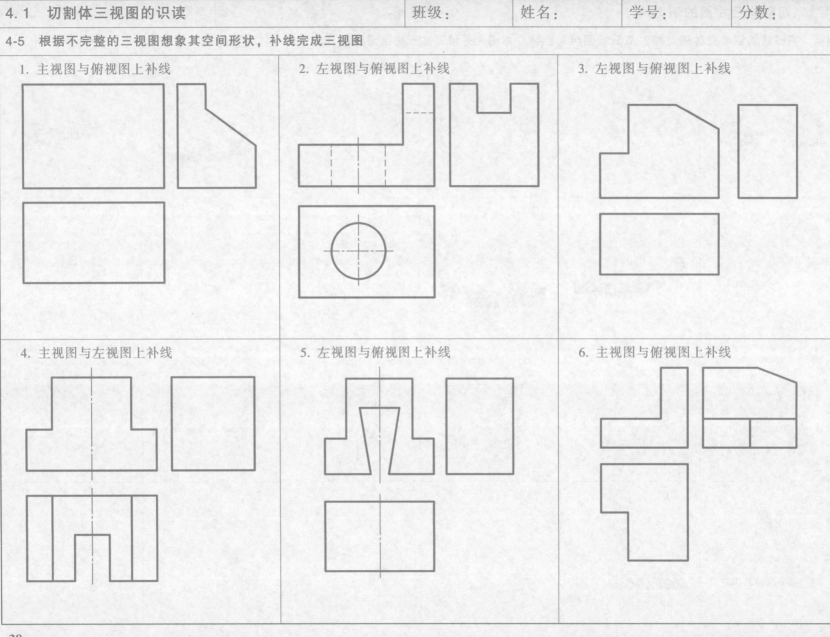

4-5 根据不完整的三视图想象其空间形状，补线完成三视图（续）

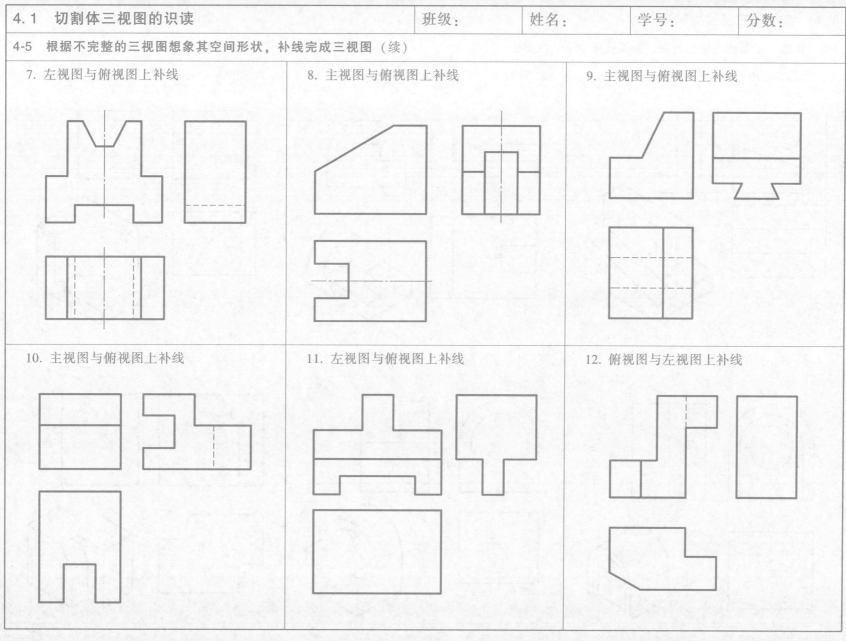

7. 左视图与俯视图上补线

8. 主视图与俯视图上补线

9. 主视图与俯视图上补线

10. 主视图与俯视图上补线

11. 左视图与俯视图上补线

12. 俯视图与左视图上补线

4-6 根据立体图和不完整视图，补画视图中所缺的图线

1. 补画左视图所缺的线

2. 补画主、俯、左视图所缺的线

3. 补画主、左视图所缺的线

4. 补画左视图所缺的线

5. 补画主、俯视图所缺的线

6. 补画左、俯视图所缺的线

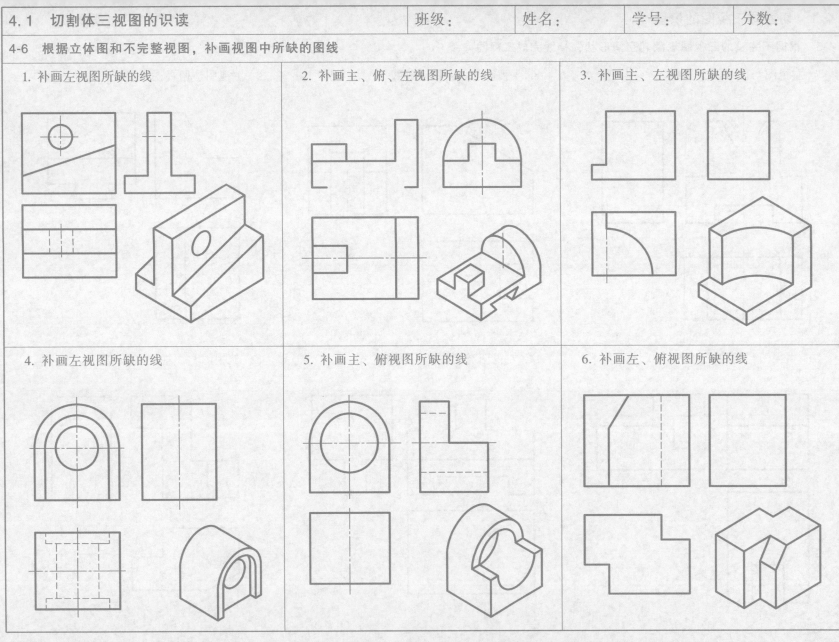

4-6 根据立体图和不完整视图，补画视图中所缺的图线（续）

7. 补画主、俯视图所缺的线

8. 补画主、俯、左视图所缺的线

9. 补画主、俯、左视图所缺的线

10. 补画主、俯、左视图所缺的线

11. 补画主、俯、左视图所缺的线

12. 补画主、俯、左视图所缺的线

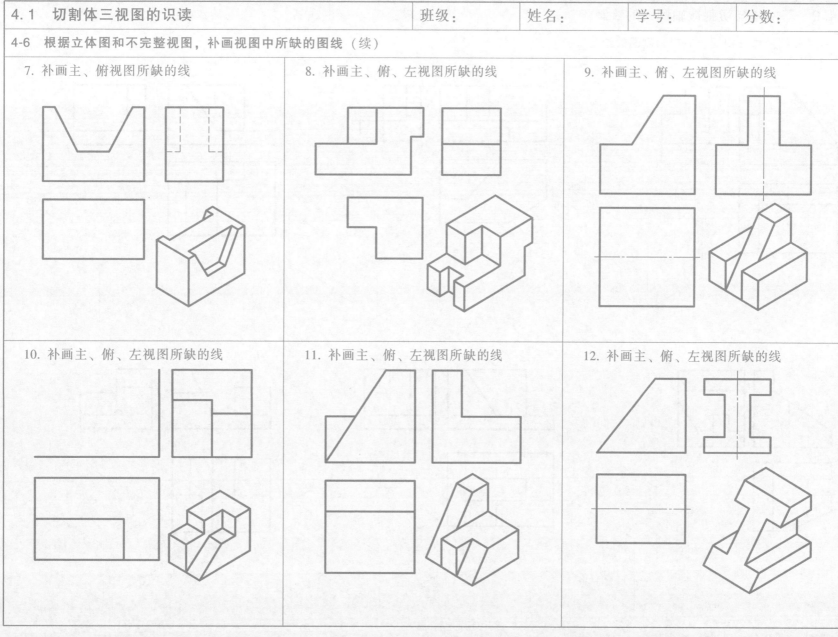

4-7　根据形体三视图，完成轴测图的绘制

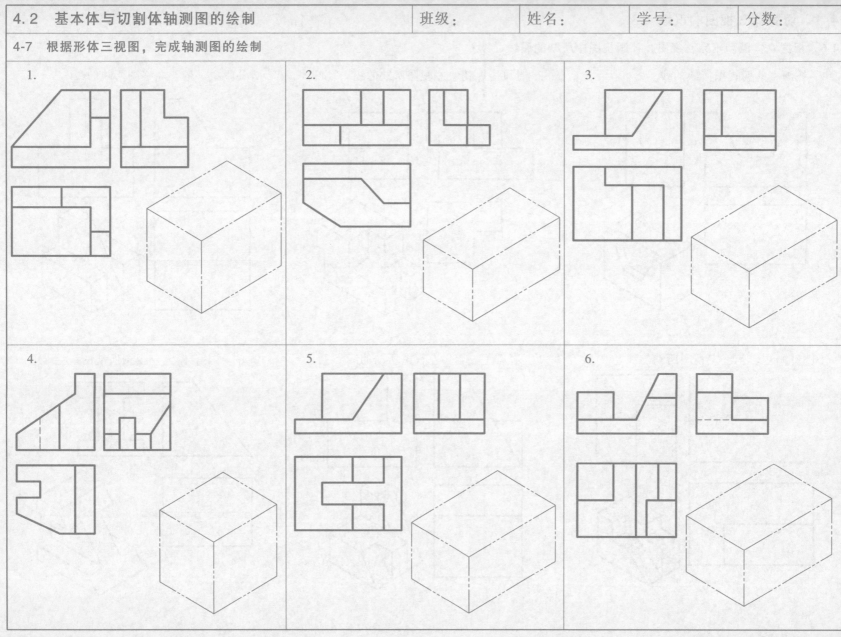

4.2 基本体与切割体轴测图的绘制	班级：	姓名：	学号：	分数：

4-7 根据形体三视图，完成轴测图的绘制（续）

7.

8.

9.

10.

11.

12.

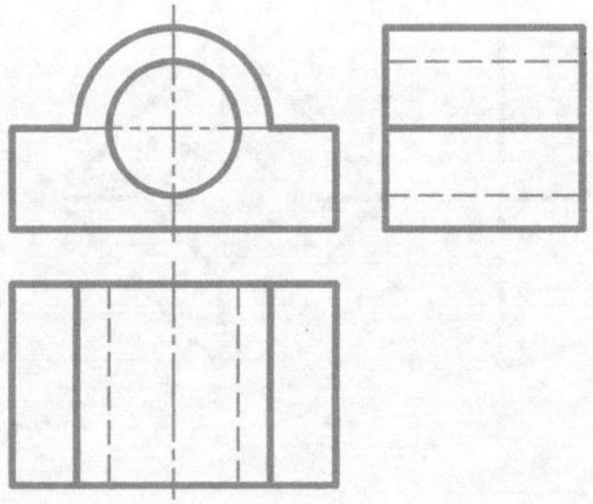

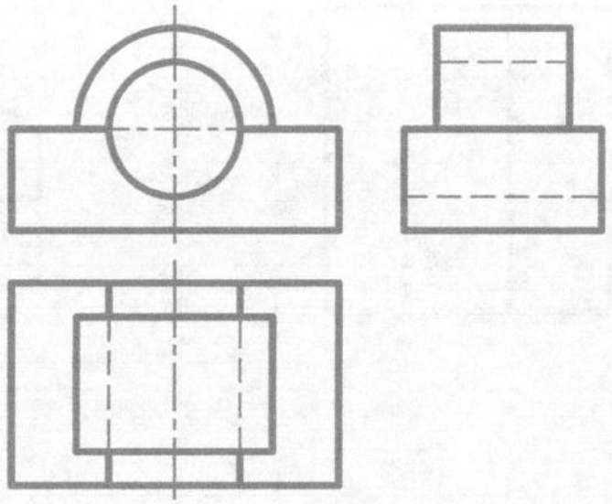

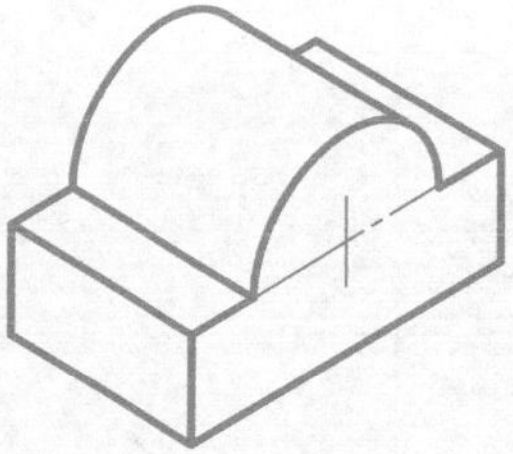

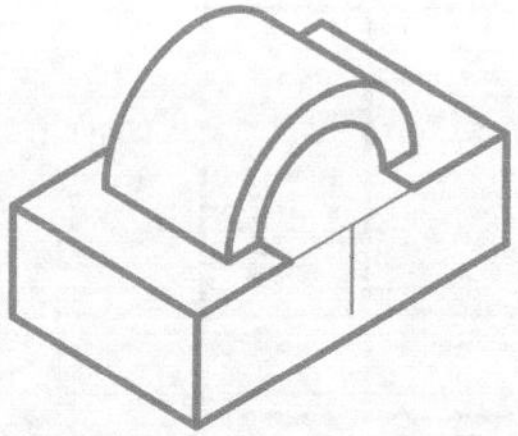

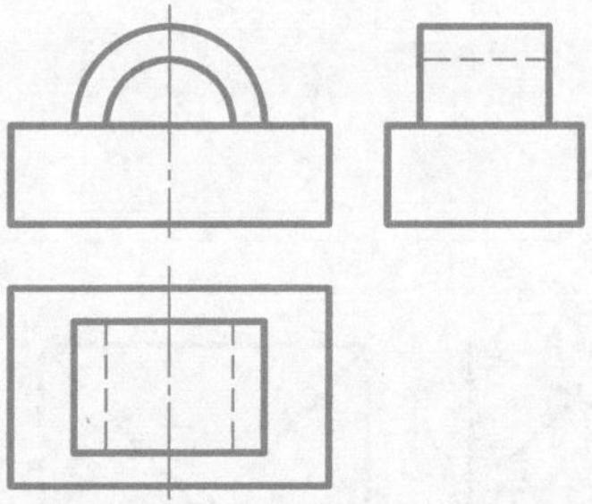

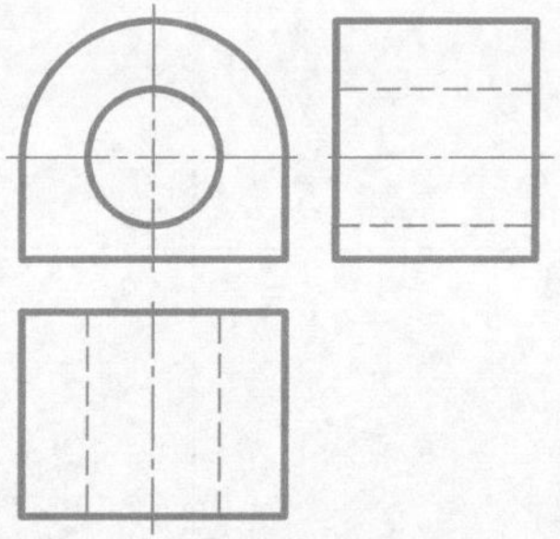

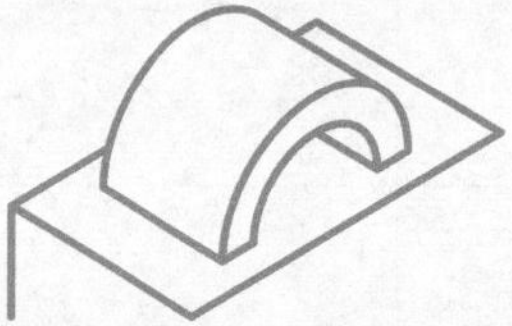

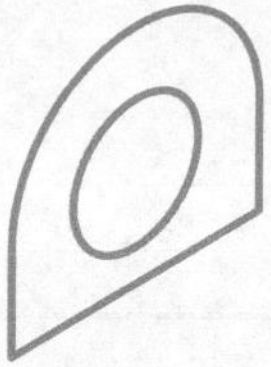

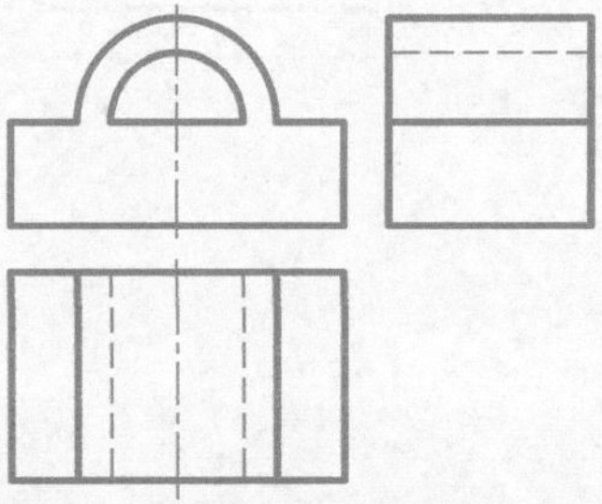

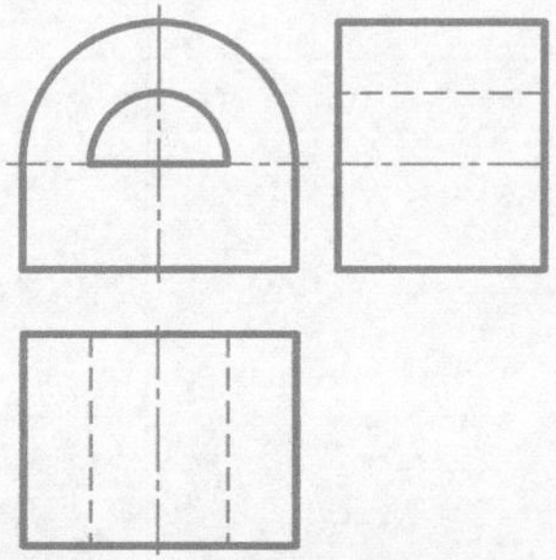

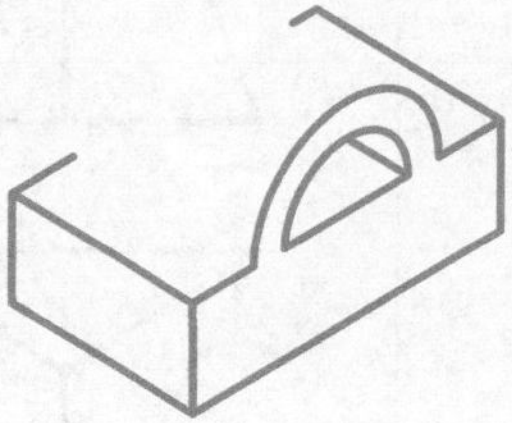

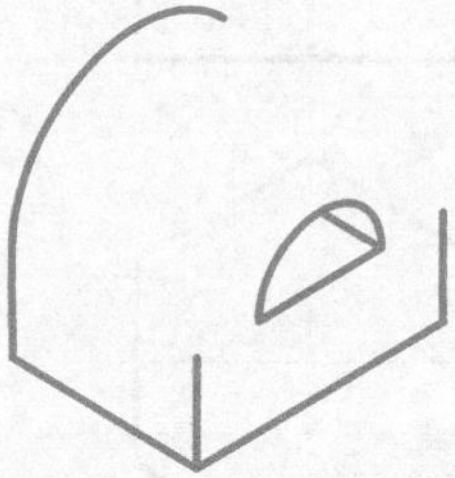

4-8　画出形体的第三视图，并求作形体表面上各点、直线的其余二面投影

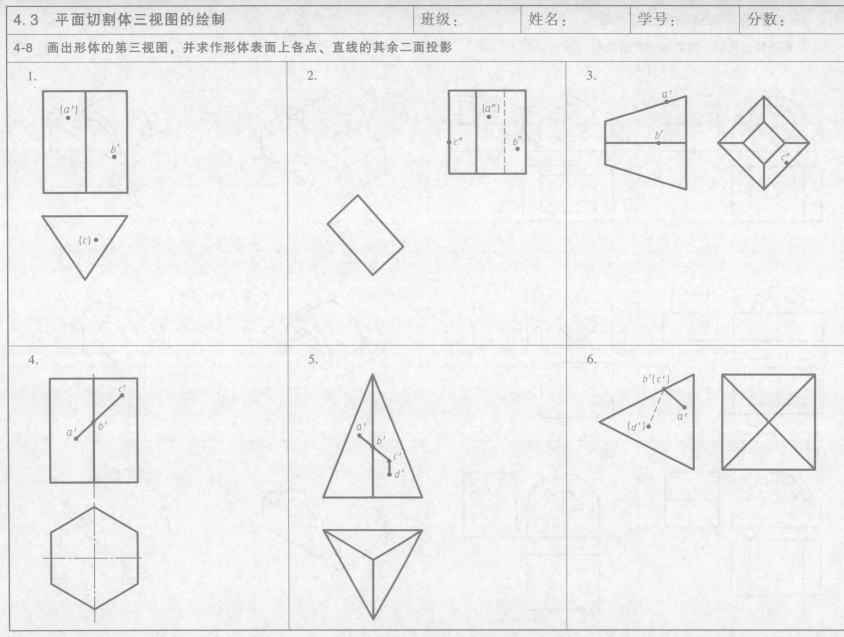

4-9　选择正确的视图

1. 选择正确的左视图

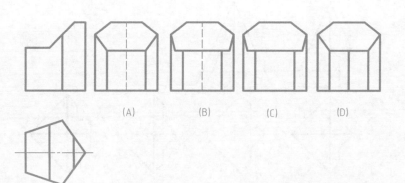

(A)　　(B)　　(C)　　(D)

正确的左视图是：＿＿＿＿

2. 选择正确的俯视图

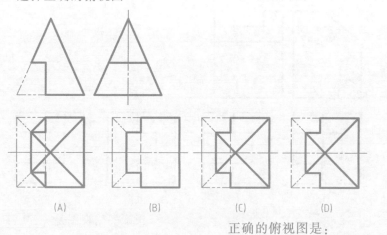

(A)　　(B)　　(C)　　(D)

正确的俯视图是：＿＿＿＿

3. 选择正确的左视图

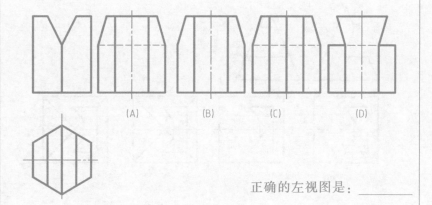

(A)　　(B)　　(C)　　(D)

正确的左视图是：＿＿＿＿

4. 选择正确的左视图

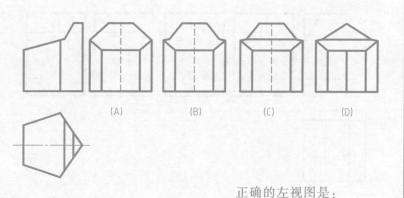

(A)　　(B)　　(C)　　(D)

正确的左视图是：＿＿＿＿

4-9 选择正确的视图（续）

5. 选择正确的俯视图

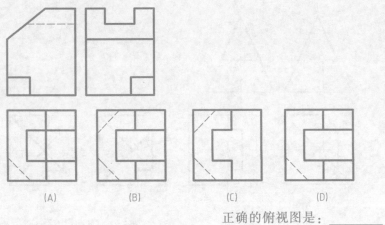

(A)　　　　(B)　　　　(C)　　　　(D)

正确的俯视图是：＿＿＿＿

6. 选择正确的俯视图

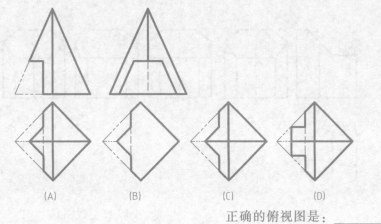

(A)　　　　(B)　　　　(C)　　　　(D)

正确的俯视图是：＿＿＿＿

7. 选择正确的左视图

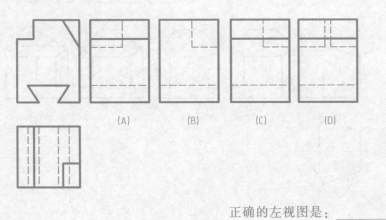

(A)　　　(B)　　　(C)　　　(D)

正确的左视图是：＿＿＿＿

8. 选择正确的俯视图

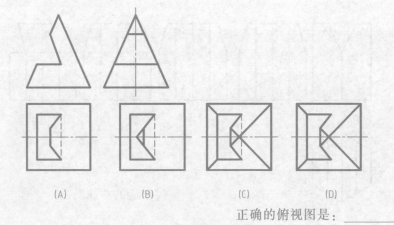

(A)　　　　(B)　　　　(C)　　　　(D)

正确的俯视图是：＿＿＿＿

4-9 选择正确的视图（续）

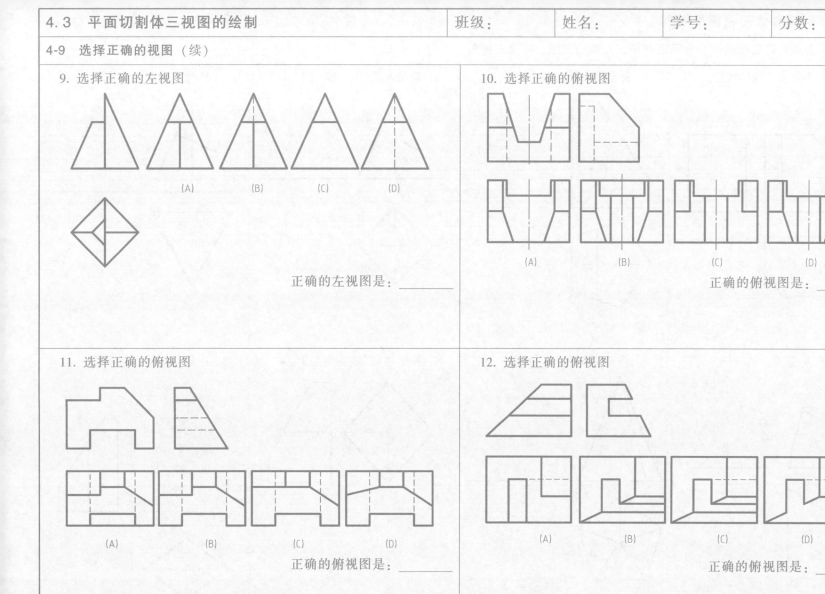

9. 选择正确的左视图

(A)　　(B)　　(C)　　(D)

正确的左视图是：＿＿＿＿＿

10. 选择正确的俯视图

(A)　　(B)　　(C)　　(D)

正确的俯视图是：＿＿＿＿＿

11. 选择正确的俯视图

(A)　　(B)　　(C)　　(D)

正确的俯视图是：＿＿＿＿＿

12. 选择正确的俯视图

(A)　　(B)　　(C)　　(D)

正确的俯视图是：＿＿＿＿＿

4-10 根据不完整三视图，补全平面与平面立体的交线，完成三视图

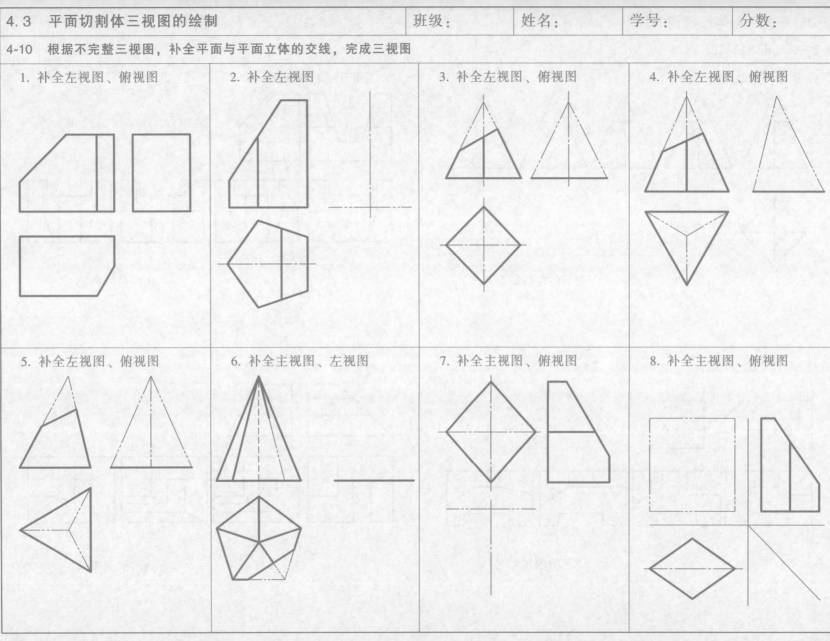

1. 补全左视图、俯视图

2. 补全左视图

3. 补全左视图、俯视图

4. 补全左视图、俯视图

5. 补全左视图、俯视图

6. 补全主视图、左视图

7. 补全主视图、俯视图

8. 补全主视图、俯视图

4-10 根据不完整三视图，补全平面与平面立体的交线，完成三视图（续）

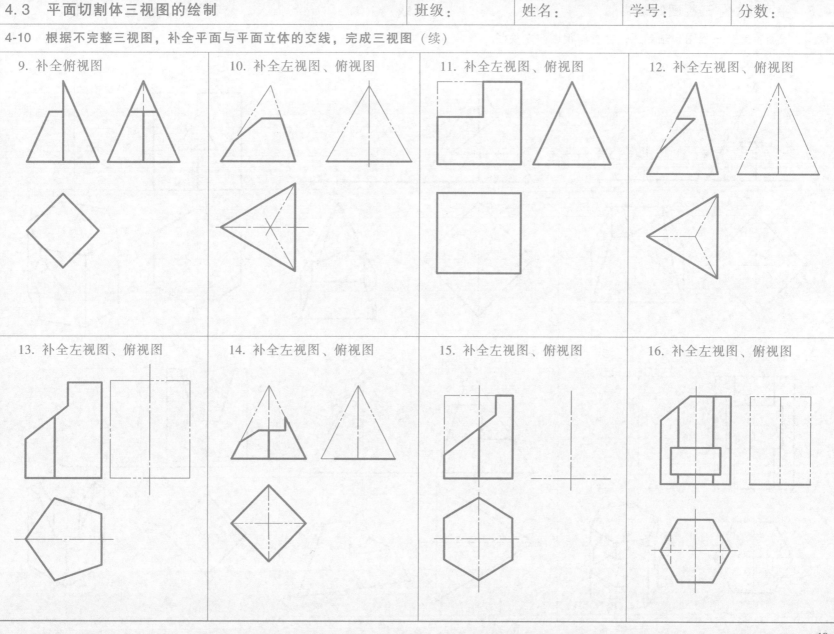

9. 补全俯视图

10. 补全左视图、俯视图

11. 补全左视图、俯视图

12. 补全左视图、俯视图

13. 补全左视图、俯视图

14. 补全左视图、俯视图

15. 补全左视图、俯视图

16. 补全左视图、俯视图

4.3 平面切割体三视图的绘制　　班级：　　姓名：　　学号：　　分数：

4-11 根据不完整三视图和轴测图，补全俯视图与左视图

1.

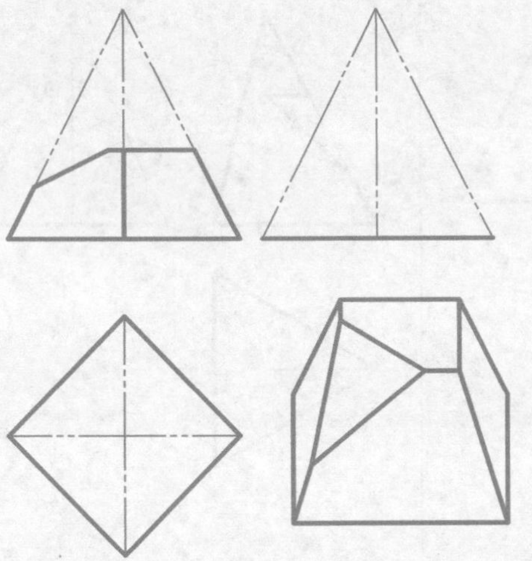

2.

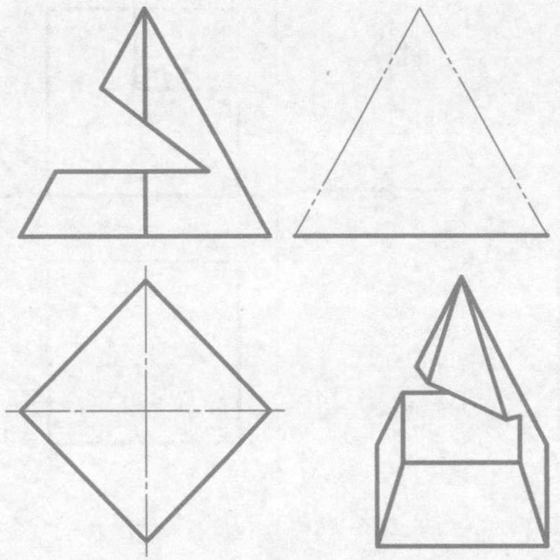

3.

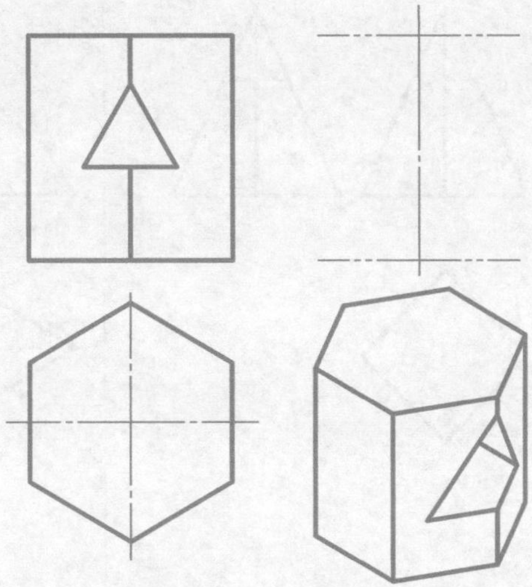

4.

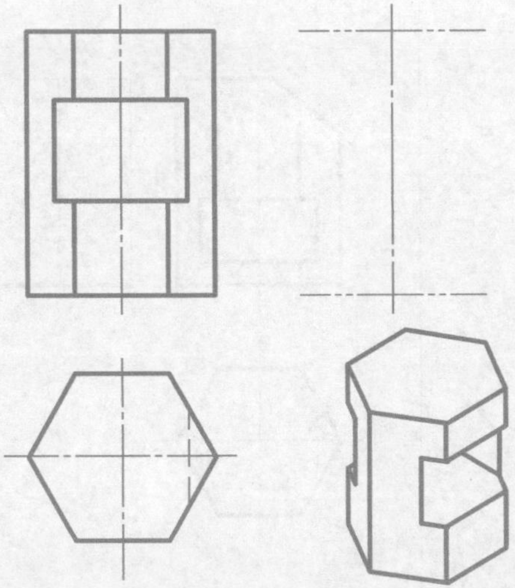

5.

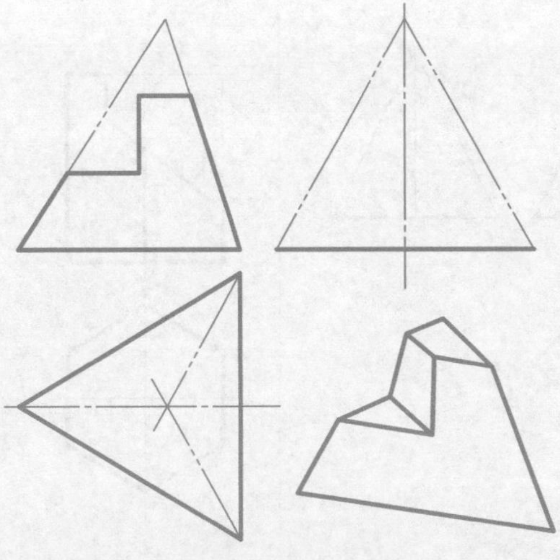

6.

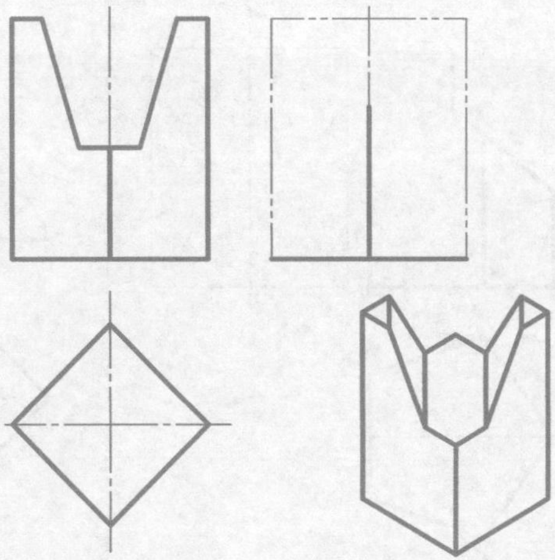

4-12 识读两视图，补画第三视图

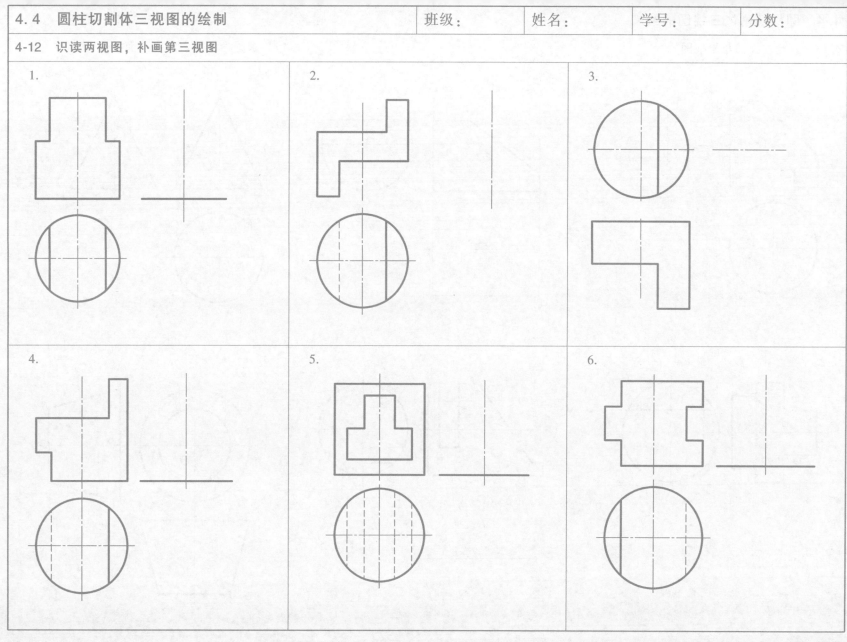

1.

2.

3.

4.

5.

6.

| 4-13　补全左视图与俯视图 | 4-14　求圆锥表面点的另两面投影 |

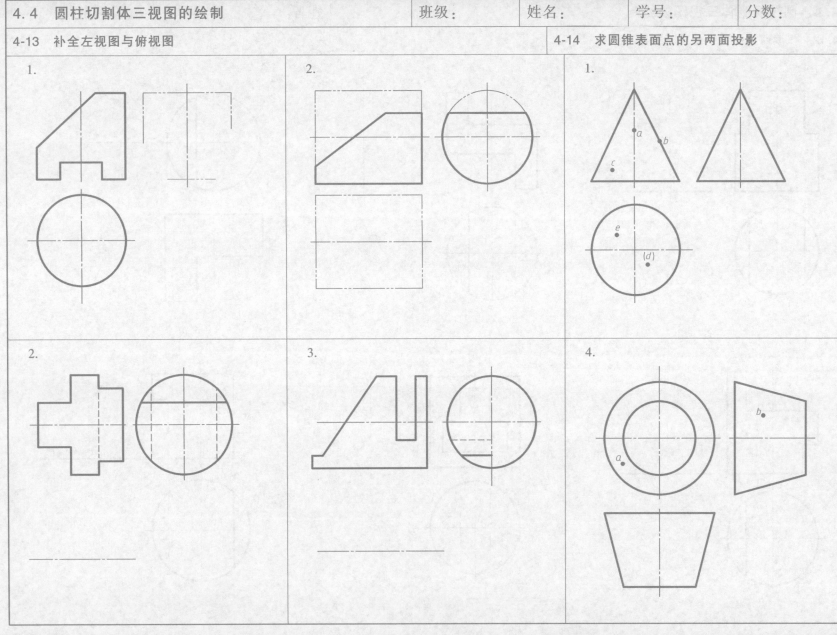

1.

2.

2.

3.

1.

4.

4.5 圆锥切割体三视图的绘制	班级：	姓名：	学号：	分数：

4-15 补全视图中所缺的线，补画第三视图

1. 补全俯视图中所缺的线，补画左视图

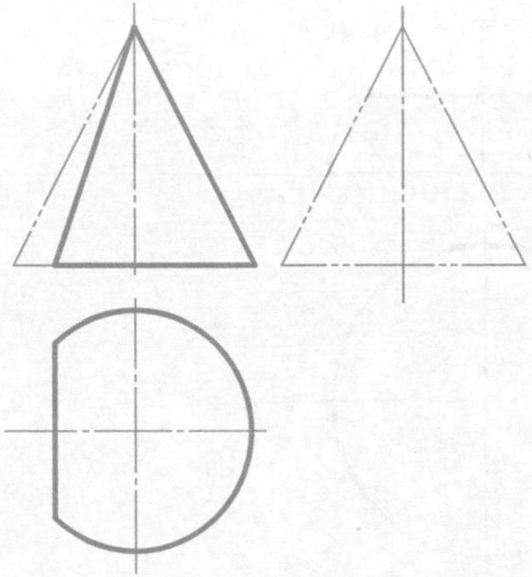

2. 补画左视图

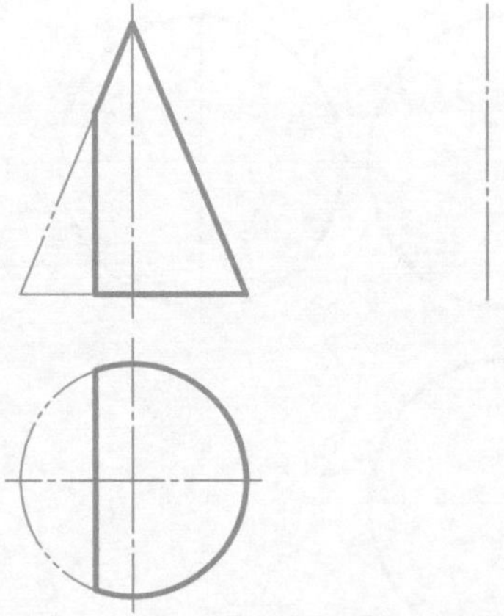

3. 补全俯视图中所缺的线，补画左视图

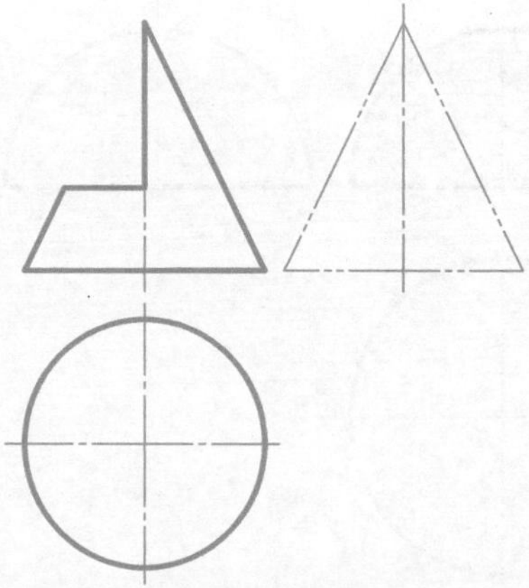

4. 补全俯视图中所缺的线，补画左视图

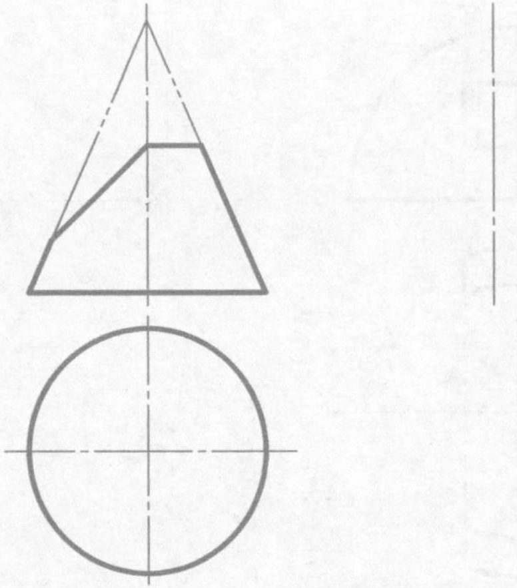

5. 补全主视图中所缺的线，补画左视图

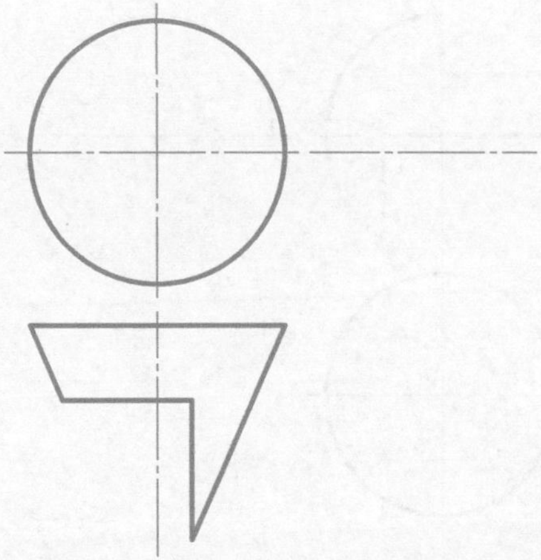

6. 补全俯视图中所缺的线，补画左视图

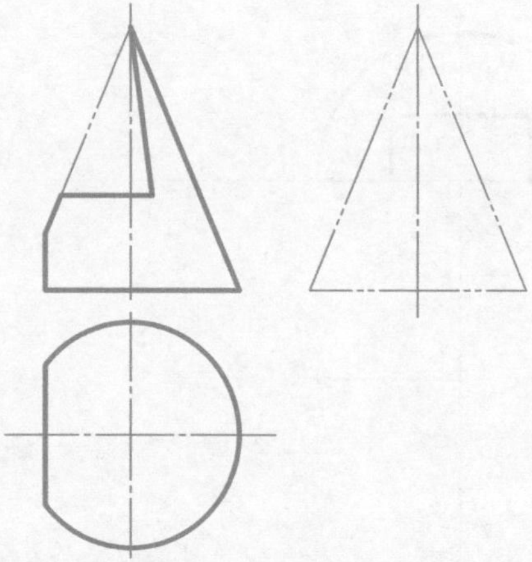

4-16 补全视图中所缺的线，补画第三视图

1. 求表面点的三面投影

2. 补全左、俯视图

3. 补全左、俯视图

4. 补全左、俯视图

5. 补全左、俯视图

6. 补全左、俯视图

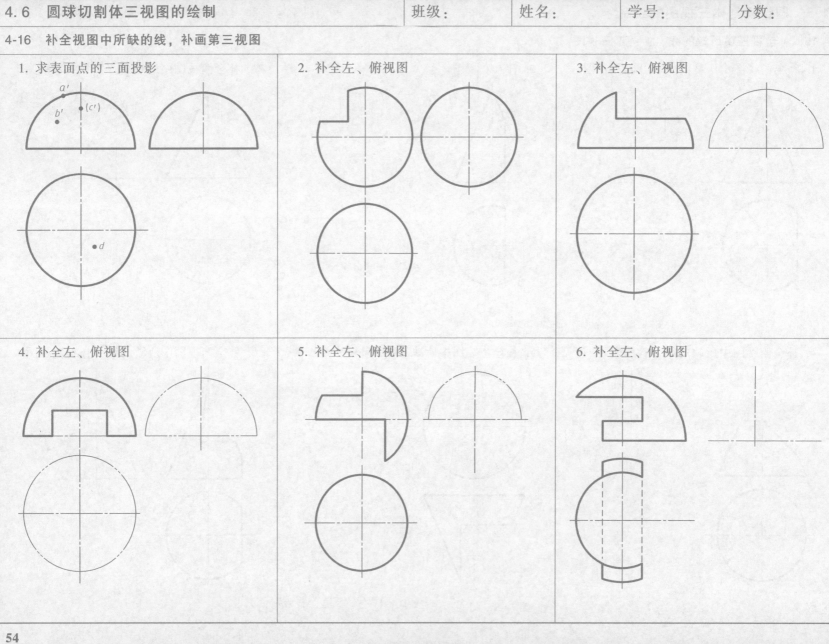

4-17 选择正确的视图

1. 选择正确的俯视图

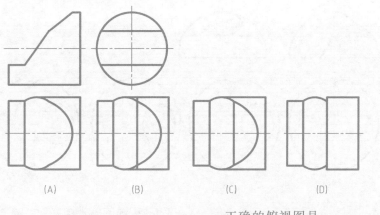

(A)　　　　(B)　　　　(C)　　　　(D)

正确的俯视图是：＿＿＿＿

2. 选择正确的左视图

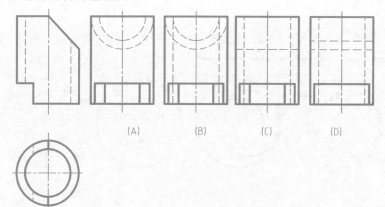

(A)　　　　(B)　　　　(C)　　　　(D)

正确的左视图是：＿＿＿＿

3. 选择正确的左视图

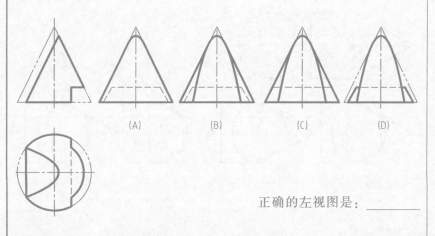

(A)　　　　(B)　　　　(C)　　　　(D)

正确的左视图是：＿＿＿＿

4. 选择正确的俯视图

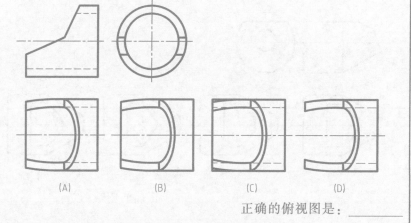

(A)　　　　(B)　　　　(C)　　　　(D)

正确的俯视图是：＿＿＿＿

4-17 选择正确的视图（续）

5. 选择正确的俯视图

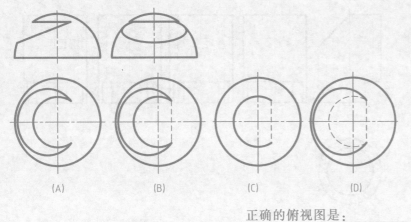

(A)　　　　(B)　　　　(C)　　　　(D)

正确的俯视图是：_____

6. 选择正确的俯视图

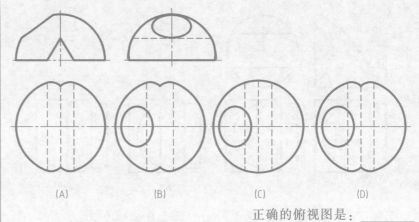

(A)　　　　(B)　　　　(C)　　　　(D)

正确的俯视图是：_____

7. 选择正确的俯视图

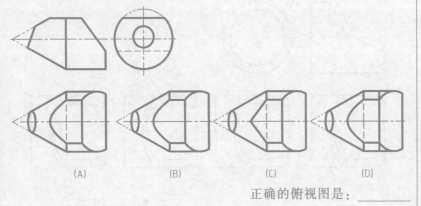

(A)　　　　(B)　　　　(C)　　　　(D)

正确的俯视图是：_____

8. 选择正确的俯视图

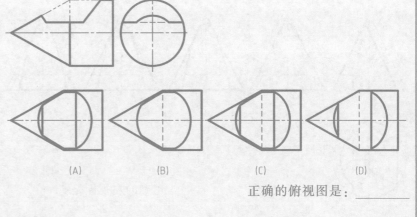

(A)　　　　(B)　　　　(C)　　　　(D)

正确的俯视图是：_____

4-18 标注下列形体的尺寸（数值从图中直接量取整数）

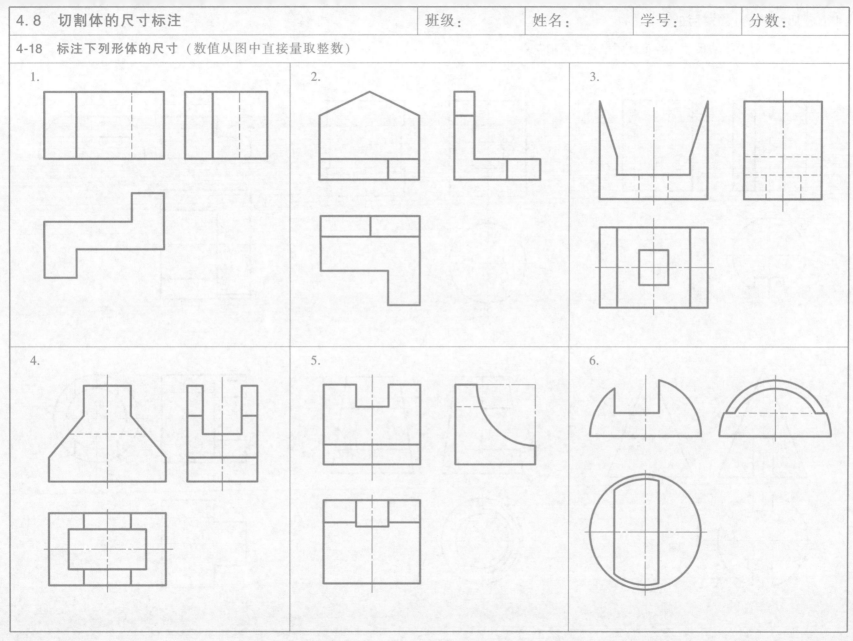

1.

2.

3.

4.

5.

6.

4-18 标注下列形体的尺寸（数值从图中直接量取整数）（续）

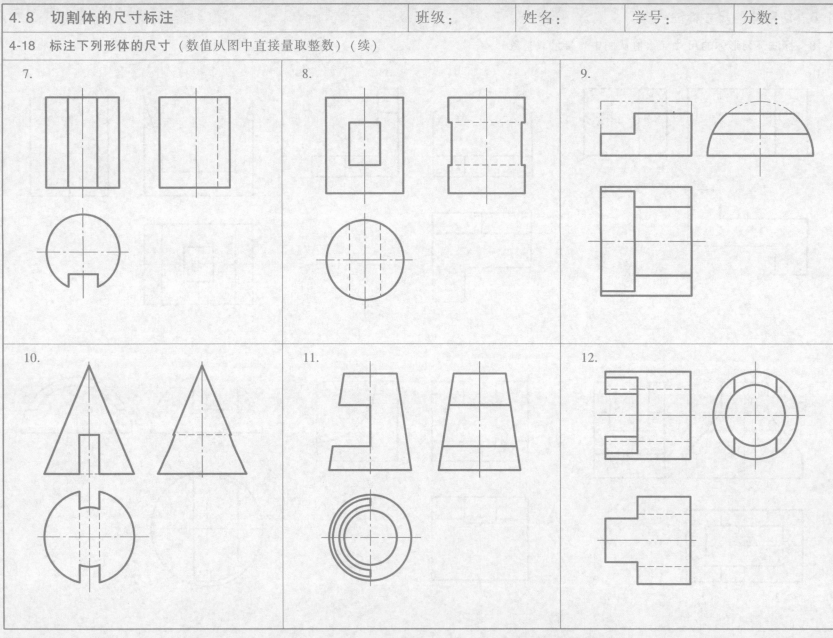

7.

8.

9.

10.

11.

12.

4-19 根据切割体立体图与一面视图绘制其三视图（注：都是对称形体）（三视图绘制在坐标纸上）

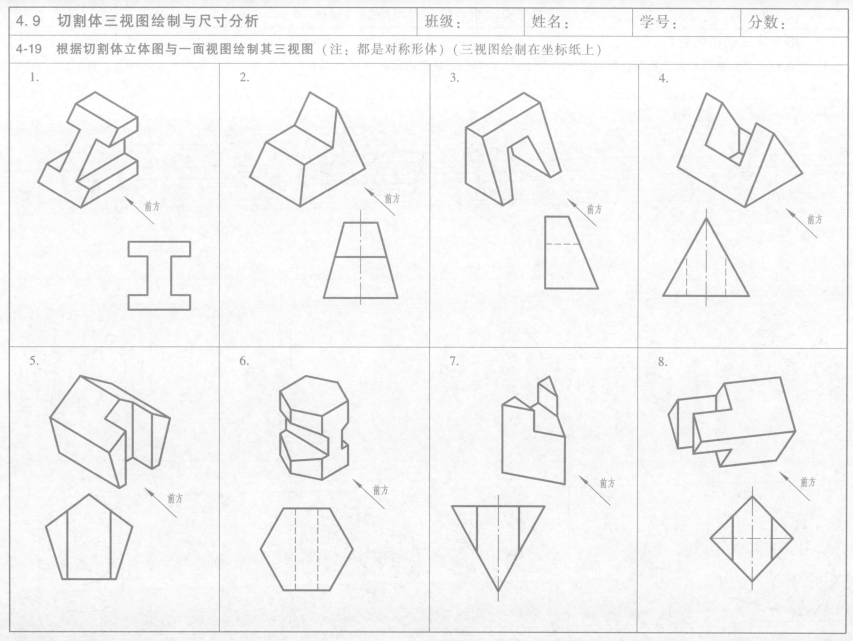

5.1　组合体三视图的绘制	班级：	姓名：	学号：	分数：

5-1　根据组合体立体图与其三视图，将立体图的编号填写在对应三视图的圆圈中（若没有对应三视图则不填写）（此页为立体图，三视图在 P61 页）

5-1　根据组合体立体图与其三视图，将立体图的编号填写在对应三视图的圆圈中（此页为三视图）（续）

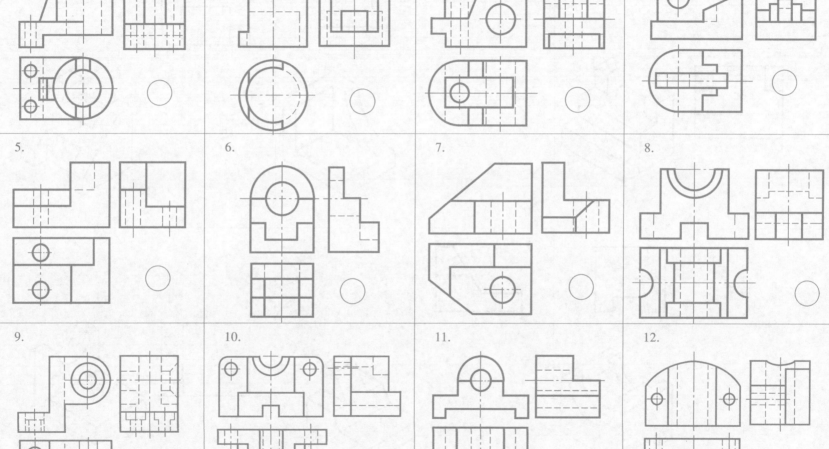

5-2 根据立体图和一个视图，完成三视图的绘制

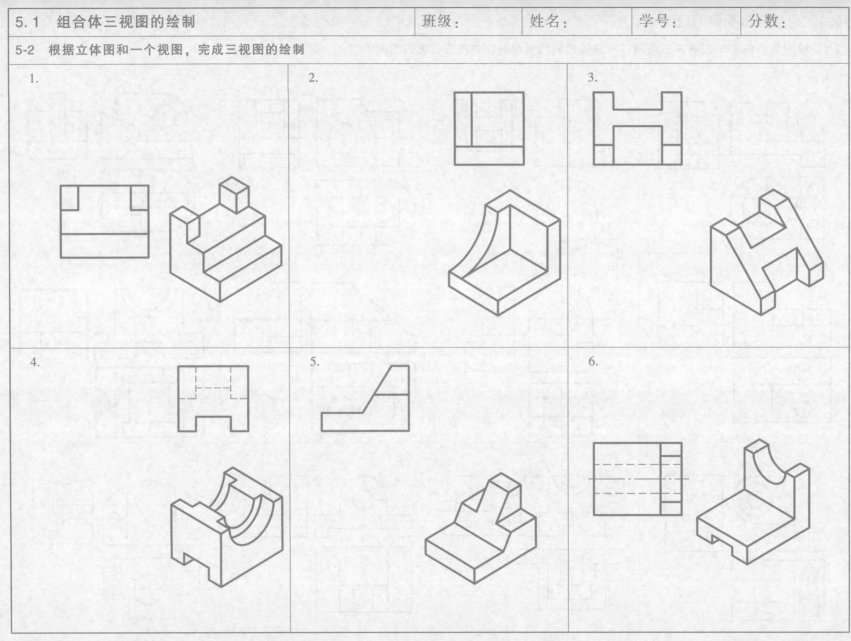

1.   2.   3.

4.   5.   6.

5-2 根据立体图和一个视图，完成三视图的绘制（续）

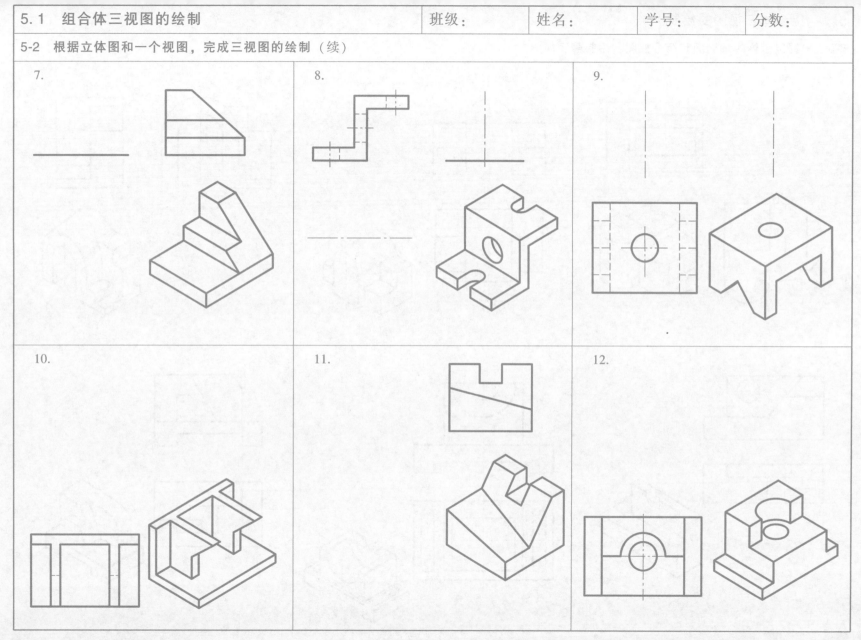

7.

8.

9.

10.

11.

12.

5-3　根据组合体的轴测图和两个视图，绘制第三视图

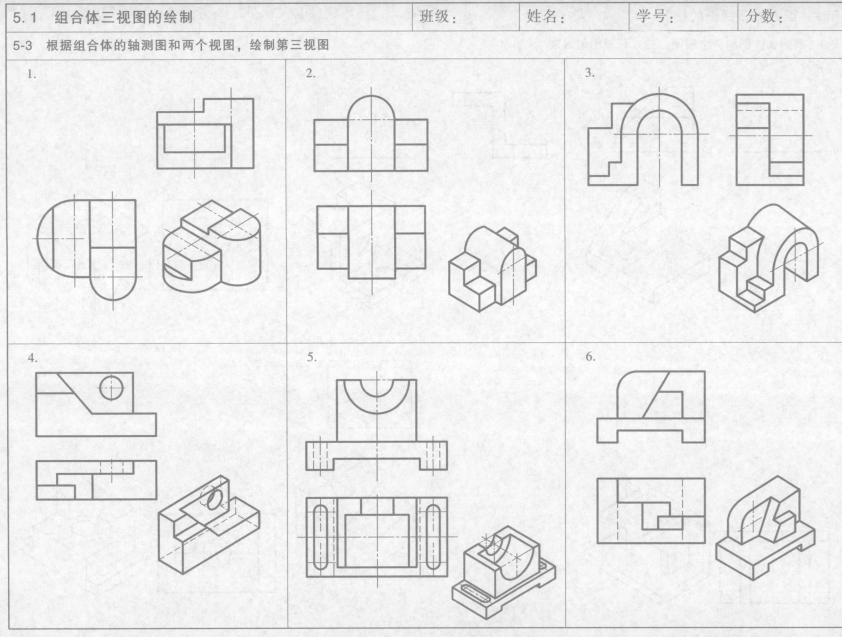

1.

2.

3.

4.

5.

6.

5-4 根据组合体的轴测图和不完整视图，补画视图中所缺的图线

1. 补画主、俯、左视图所缺的线

2. 补画主、左视图所缺的线

3. 补画主、俯视图所缺的线

4.

5.

6.

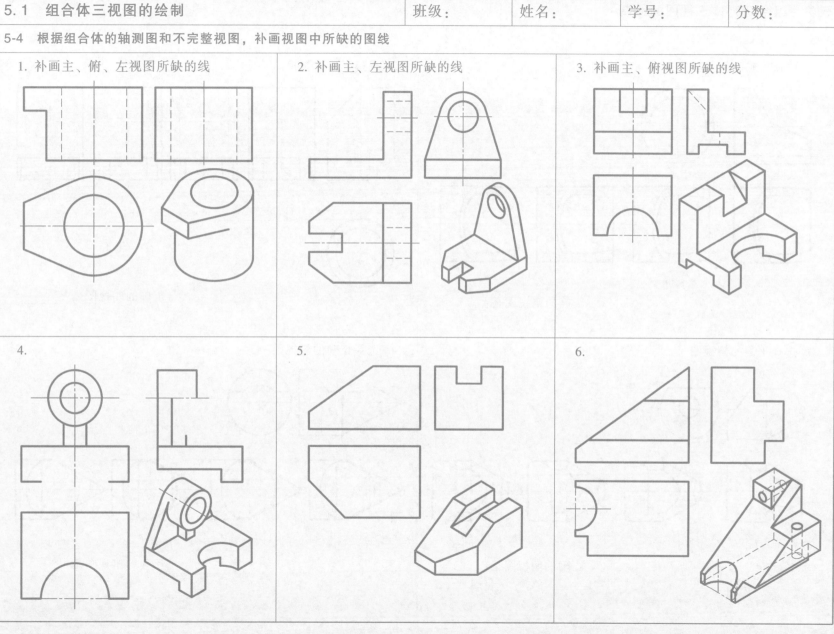

5-5　选择正确的视图

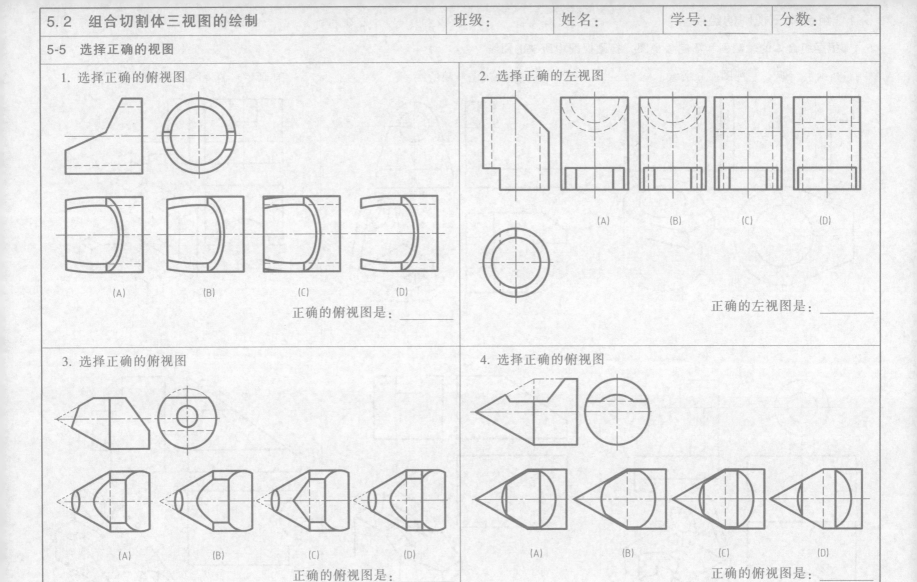

1. 选择正确的俯视图

(A)　　(B)　　(C)　　(D)

正确的俯视图是：_____

2. 选择正确的左视图

(A)　　(B)　　(C)　　(D)

正确的左视图是：_____

3. 选择正确的俯视图

(A)　　(B)　　(C)　　(D)

正确的俯视图是：_____

4. 选择正确的俯视图

(A)　　(B)　　(C)　　(D)

正确的俯视图是：_____

5-6　画相贯线完成三视图（注：求点的投影时可以只求特殊点的投影）

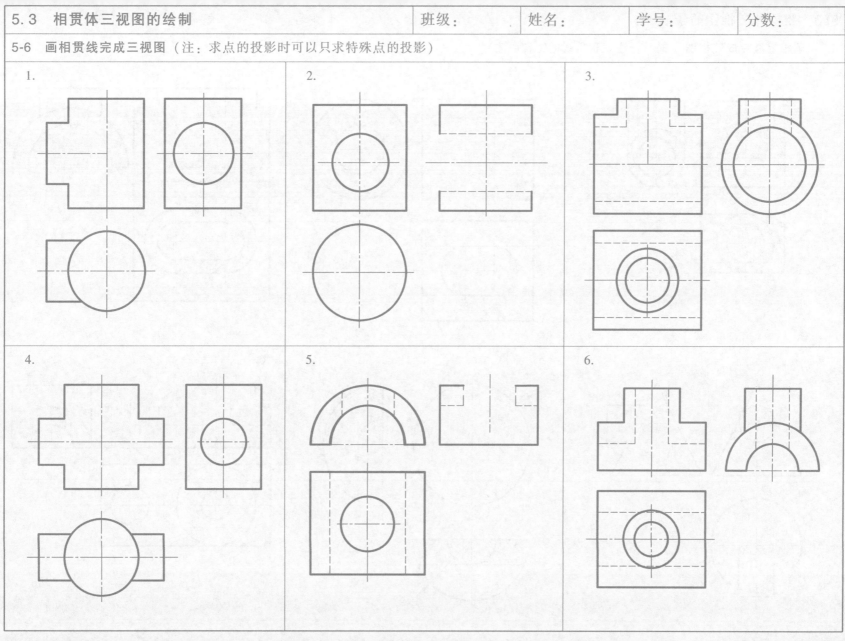

5-7 画相贯线完成三视图（提示：注意相贯线的特殊画法）

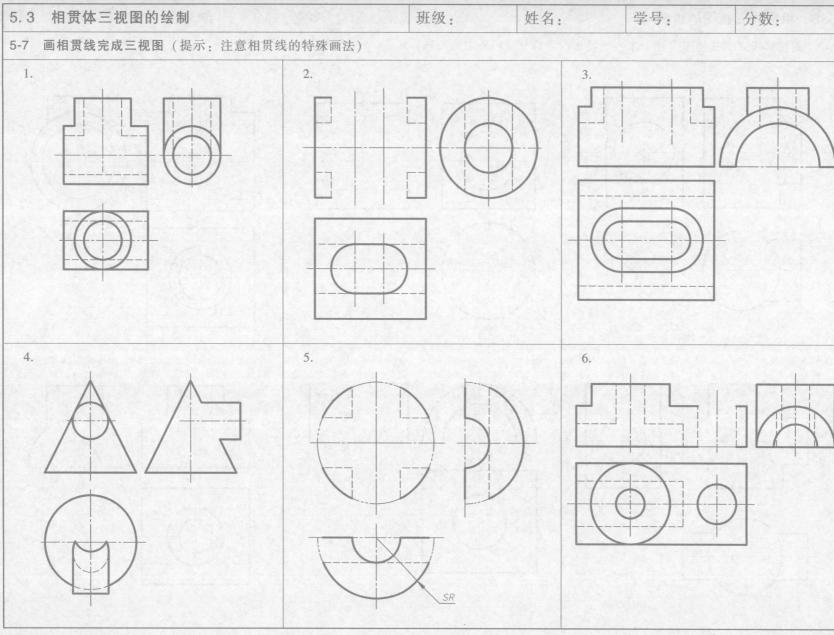

5-8 选择正确的视图

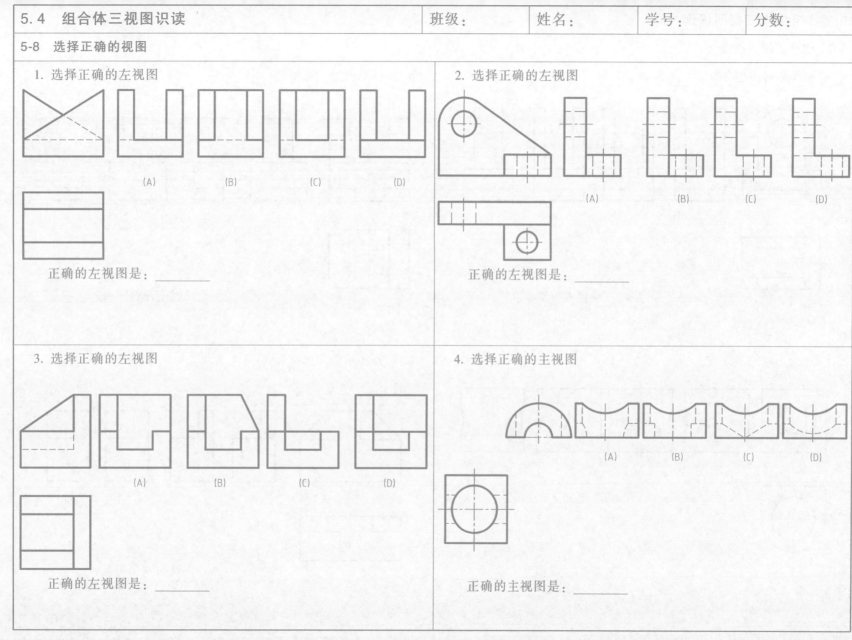

1. 选择正确的左视图

(A)　　(B)　　(C)　　(D)

正确的左视图是：_____

2. 选择正确的左视图

(A)　　(B)　　(C)　　(D)

正确的左视图是：_____

3. 选择正确的左视图

(A)　　(B)　　(C)　　(D)

正确的左视图是：_____

4. 选择正确的主视图

(A)　　(B)　　(C)　　(D)

正确的主视图是：_____

5-8　选择正确的视图（续）

5. 选择正确的左视图

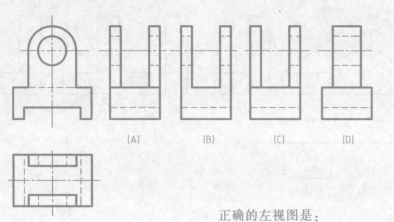

正确的左视图是：＿＿＿＿＿

6. 选择正确的左视图

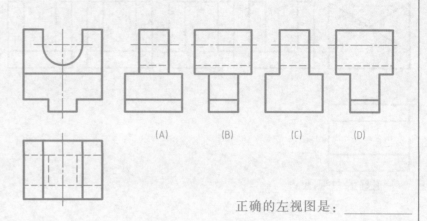

正确的左视图是：＿＿＿＿＿

7. 选择正确的左视图

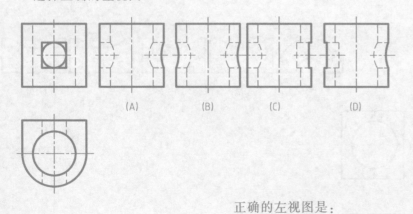

正确的左视图是：＿＿＿＿＿

8. 选择正确的左视图

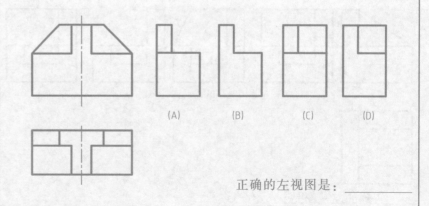

正确的左视图是：＿＿＿＿＿

5-8 选择正确的视图（续）

9. 选择正确的主视图

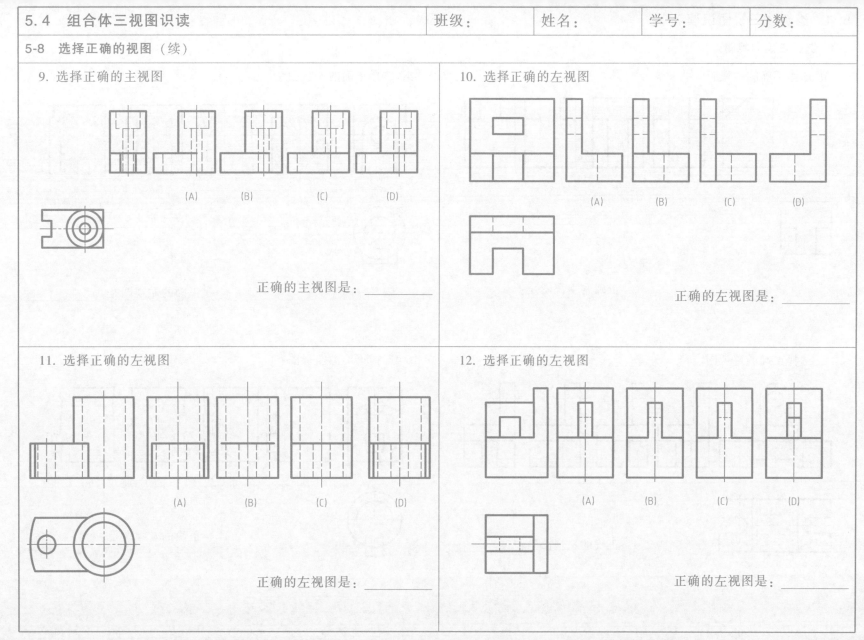

(A)　(B)　(C)　(D)

正确的主视图是：＿＿＿＿

10. 选择正确的左视图

(A)　(B)　(C)　(D)

正确的左视图是：＿＿＿＿

11. 选择正确的左视图

(A)　(B)　(C)　(D)

正确的左视图是：＿＿＿＿

12. 选择正确的左视图

(A)　(B)　(C)　(D)

正确的左视图是：＿＿＿＿

5-8 选择正确的视图（续）

13. 选择正确的主视图

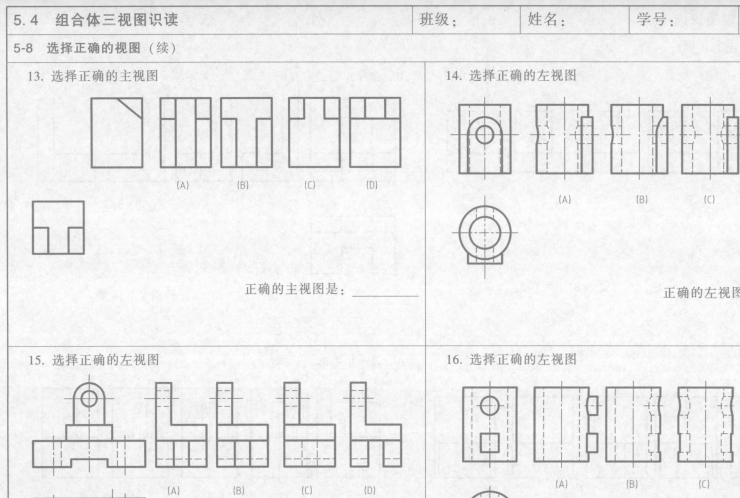

(A)　　　(B)　　　(C)　　　(D)

正确的主视图是：_____

14. 选择正确的左视图

(A)　　　(B)　　　(C)　　　(D)

正确的左视图是：_____

15. 选择正确的左视图

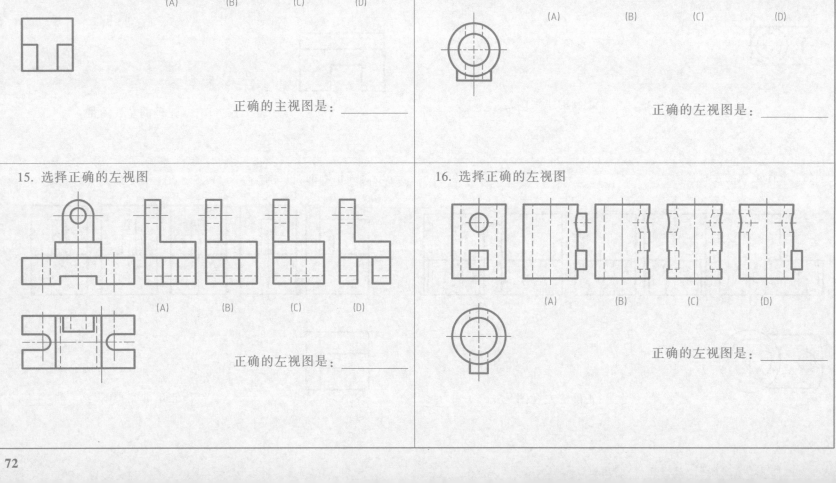

(A)　　　(B)　　　(C)　　　(D)

正确的左视图是：_____

16. 选择正确的左视图

(A)　　　(B)　　　(C)　　　(D)

正确的左视图是：_____

5-8　选择正确的视图（续）

17. 选择正确的左视图

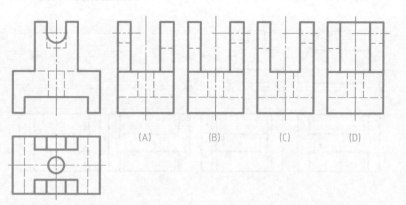

(A)　　(B)　　(C)　　(D)

正确的左视图是：＿＿＿＿＿＿

18. 选择正确的左视图

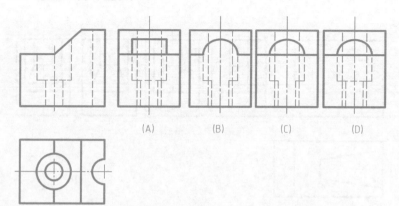

(A)　　(B)　　(C)　　(D)

正确的左视图是：＿＿＿＿＿＿

19. 选择正确的俯视图

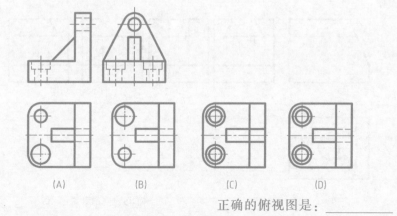

(A)　　　(B)　　　(C)　　　(D)

正确的俯视图是：＿＿＿＿＿＿

20. 选择正确的左视图

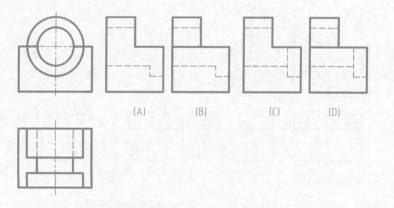

(A)　　(B)　　(C)　　(D)

正确的左视图是：＿＿＿＿＿＿

5-8 选择正确的视图（续）

21. 选择正确的左视图

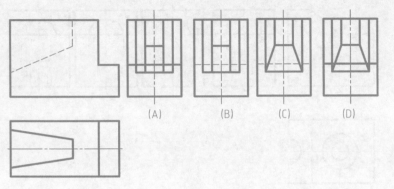

(A) (B) (C) (D)

正确的左视图是：＿＿＿＿＿

22. 选择正确的俯视图

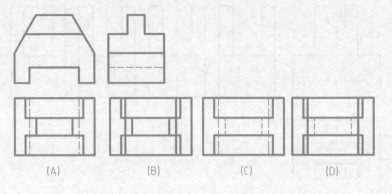

(A) (B) (C) (D)

正确的俯视图是：＿＿＿＿＿

23. 选择正确的俯视图

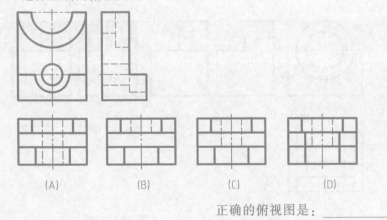

(A) (B) (C) (D)

正确的俯视图是：＿＿＿＿＿

24. 选择正确的左视图

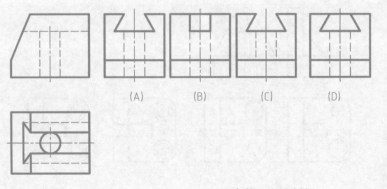

(A) (B) (C) (D)

正确的左视图是：＿＿＿＿＿

5-9　根据组合体不完整的三视图，补全图中所缺图线

1. 根据不完整主视图和俯视图，补全主视图上所缺图线（4个小题）

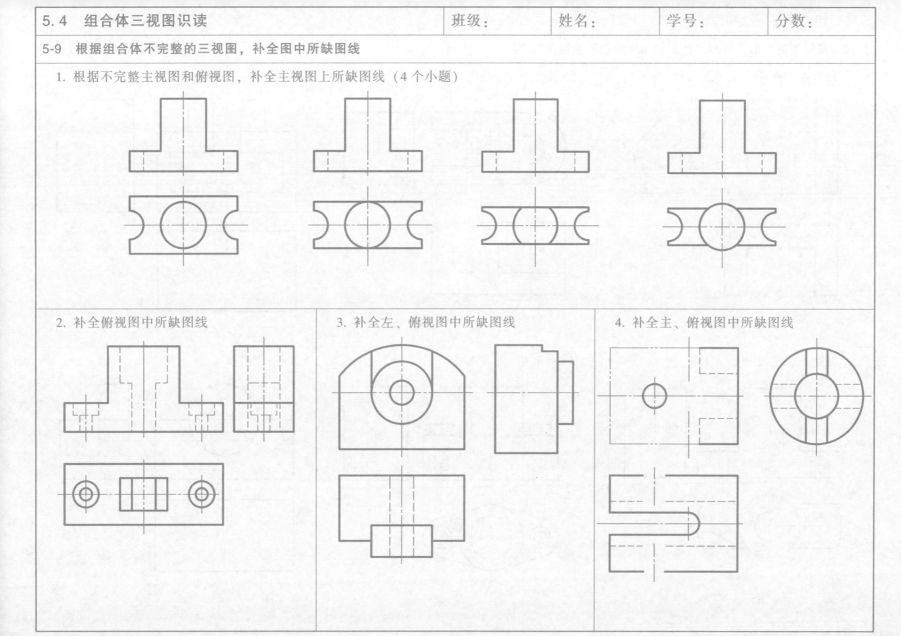

2. 补全俯视图中所缺图线

3. 补全左、俯视图中所缺图线

4. 补全主、俯视图中所缺图线

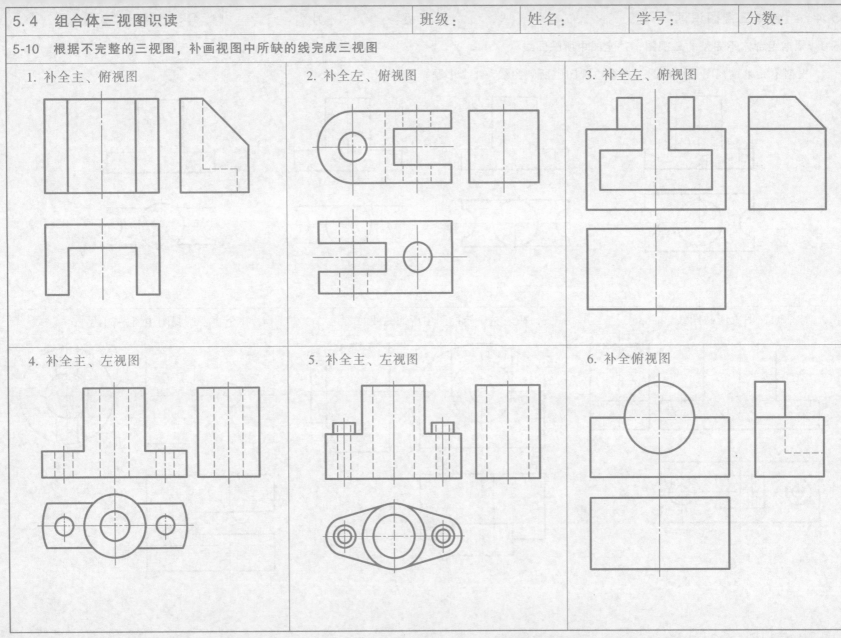

5-10 根据不完整的三视图，补画视图中所缺的线完成三视图

1. 补全主、俯视图

2. 补全左、俯视图

3. 补全左、俯视图

4. 补全主、左视图

5. 补全主、左视图

6. 补全俯视图

5-10 根据不完整的三视图，补画视图中所缺的线完成三视图（续）

| 7. 补全左、俯视图 | 8. 补全左、俯视图 | 9. 补全左、俯视图 |

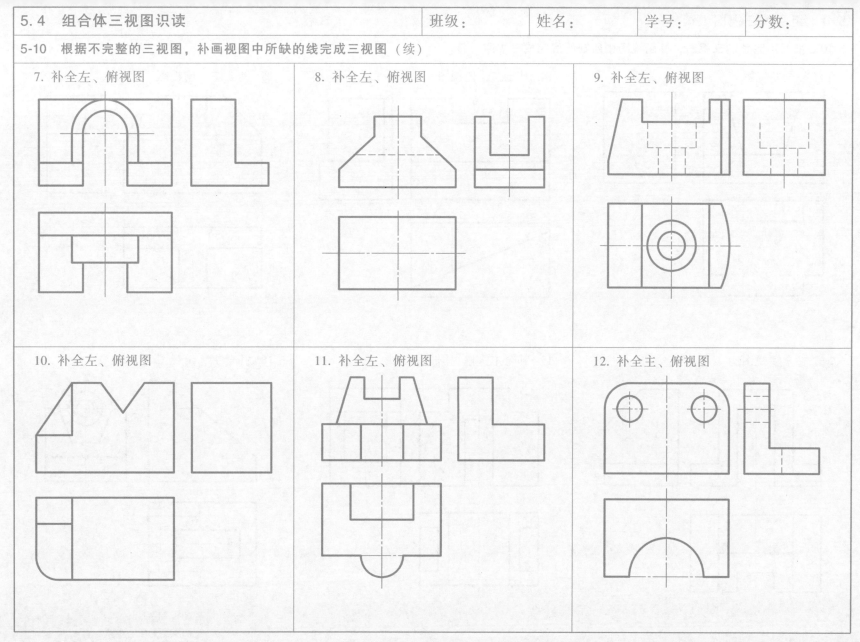

5-10　根据不完整的三视图，补画视图中所缺的线完成三视图（续）

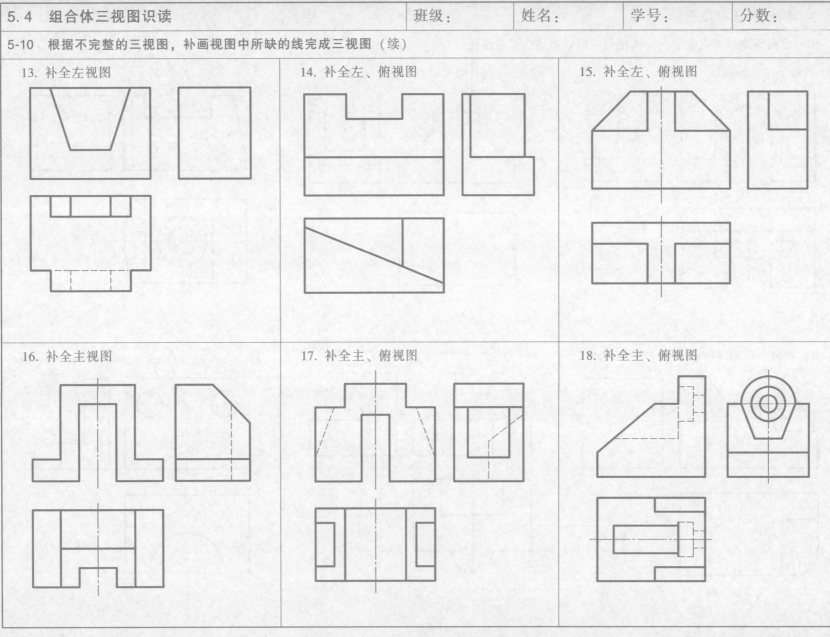

13. 补全左视图

14. 补全左、俯视图

15. 补全左、俯视图

16. 补全主视图

17. 补全主、俯视图

18. 补全主、俯视图

5-10 根据不完整的三视图，补画视图中所缺的线完成三视图（续）

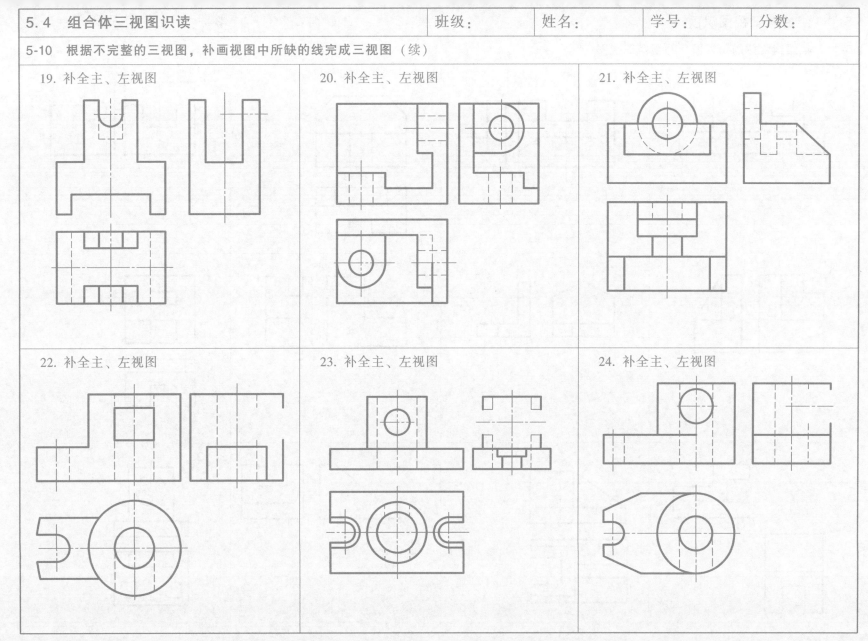

19. 补全主、左视图

20. 补全主、左视图

21. 补全主、左视图

22. 补全主、左视图

23. 补全主、左视图

24. 补全主、左视图

5-11 根据组合体的两视图，补画第三视图

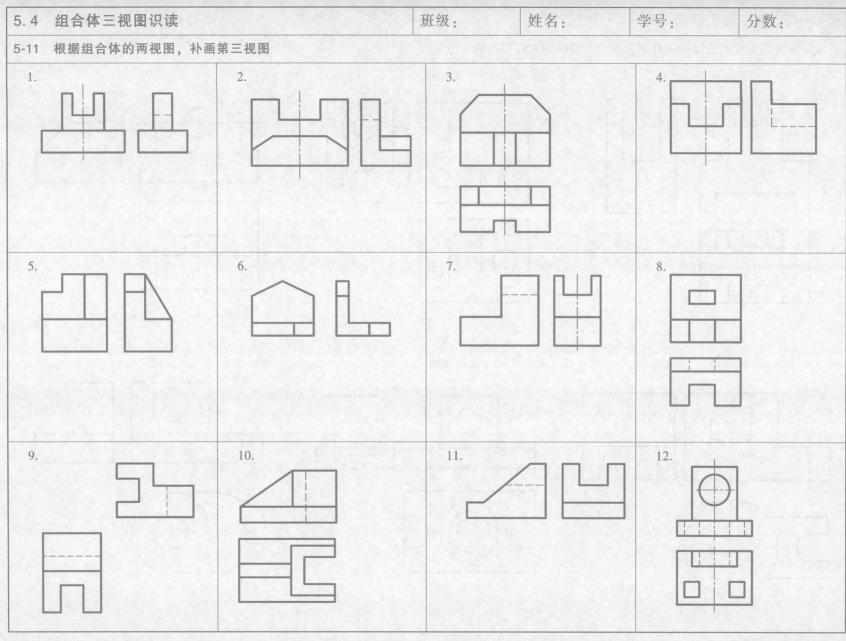

5-11 根据组合体的两视图，补画第三视图（续）

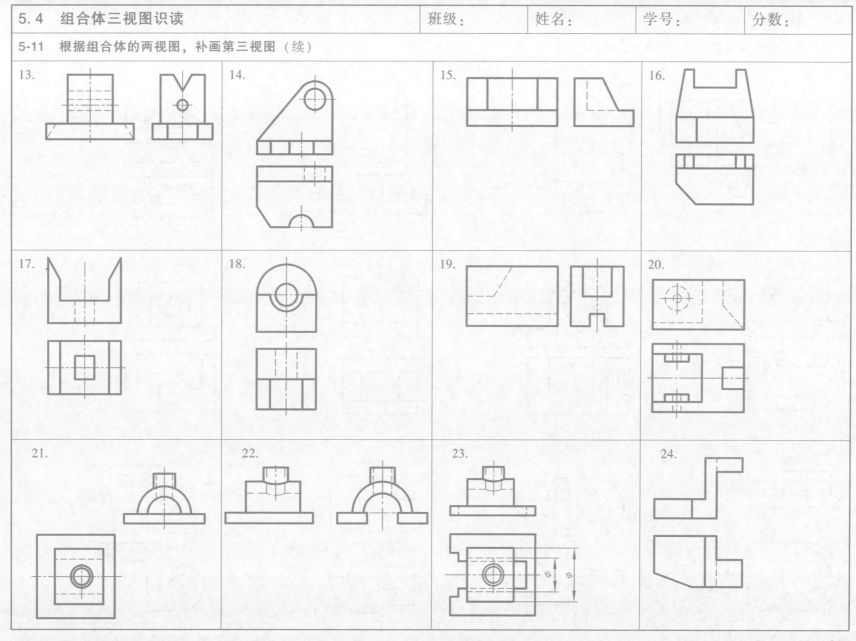

13.

14.

15.

16.

17.

18.

19.

20.

21.

22.

23.

24.

5-11 根据组合体的两视图，补画第三视图（续）

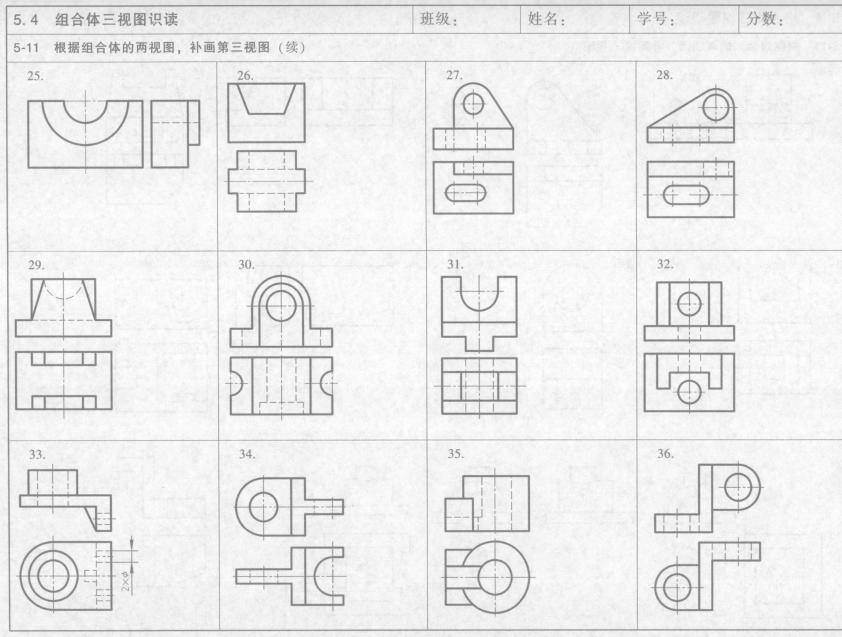

5-11 根据组合体的两视图，补画第三视图（续）

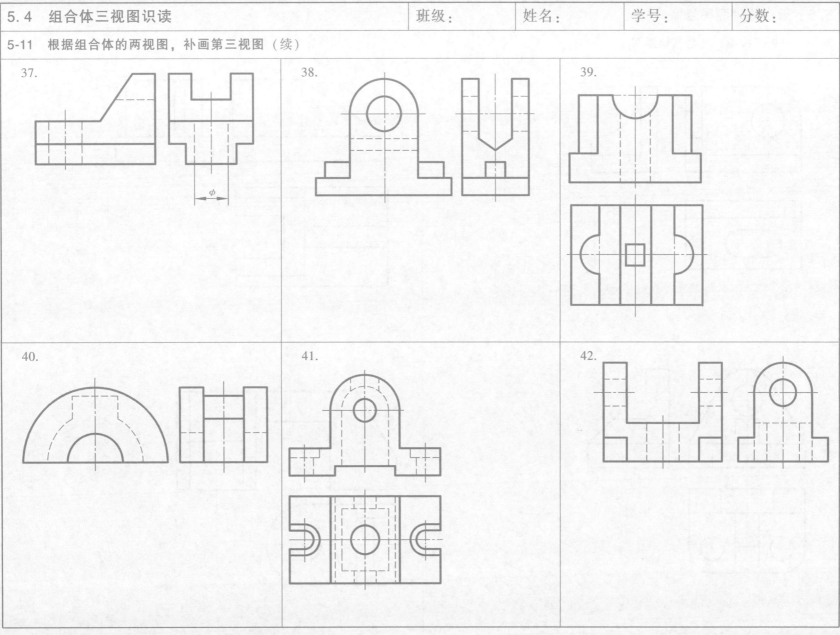

37.

38.

39.

40.

41.

42.

5-12　根据三视图，补全其轴测图

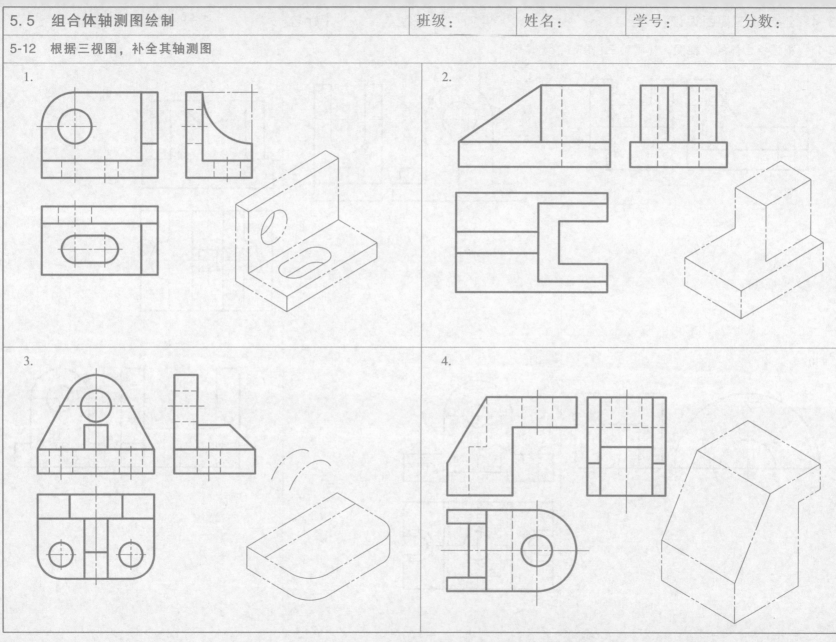

1.

2.

3.

4.

5.6　组合体尺寸分析与标注	班级：	姓名：	学号：	分数：

5-13　标注下列组合体的尺寸（数值从图中按 1：1 量取并取整数）

1.

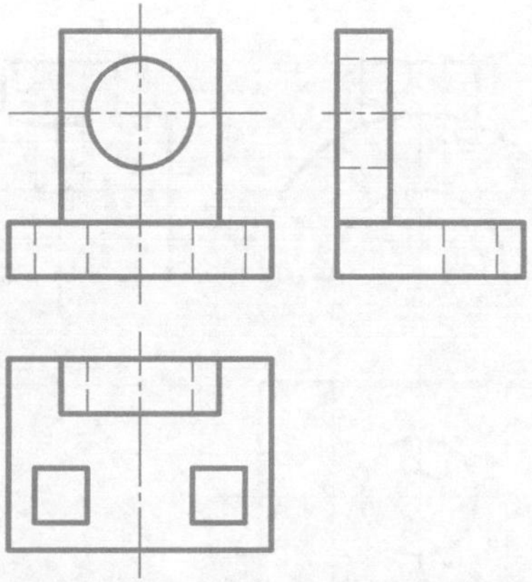

2.

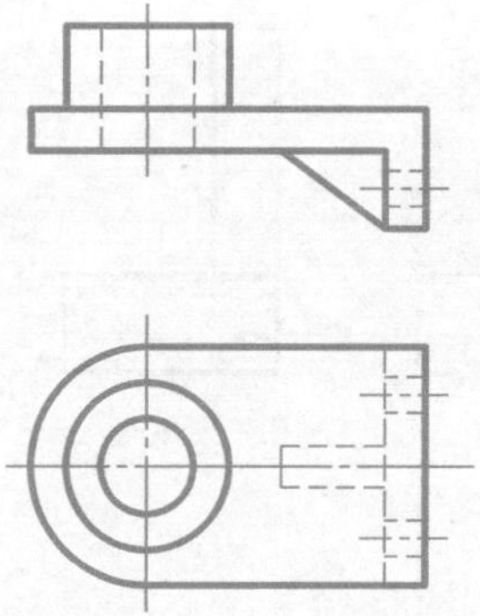

3.

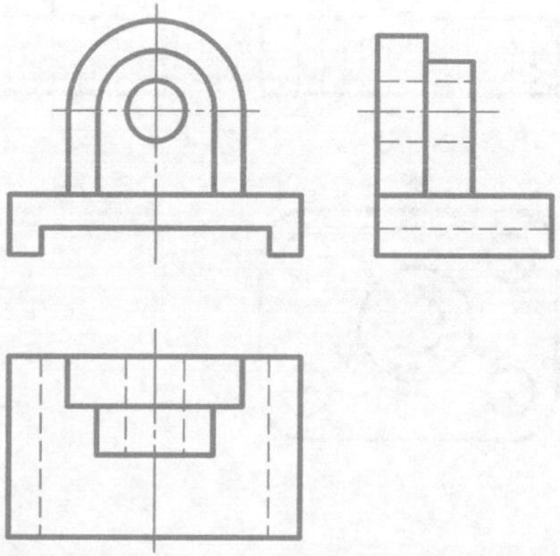

4.

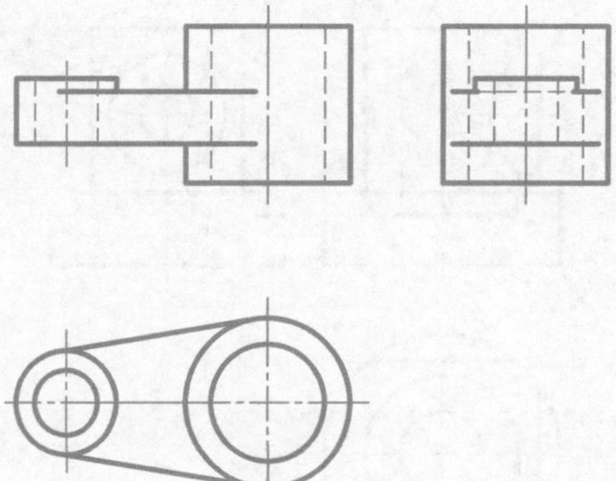

5.

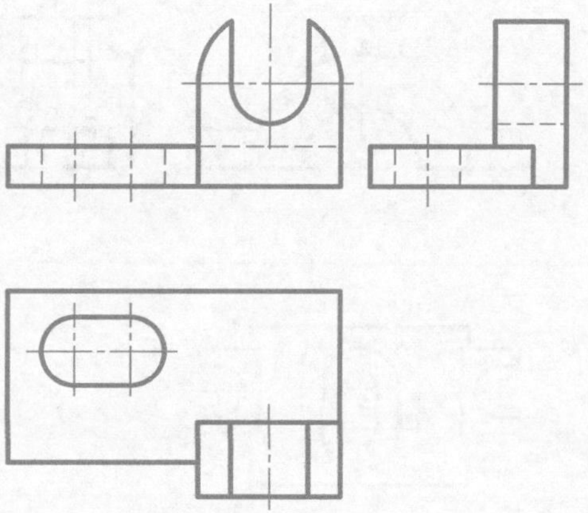

6.

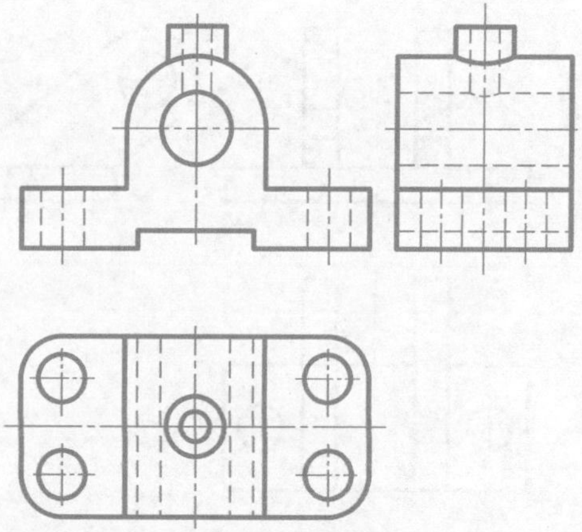

5-13　标注下列组合体的尺寸（数值从图中按 1：1 量取并取整数）（续）

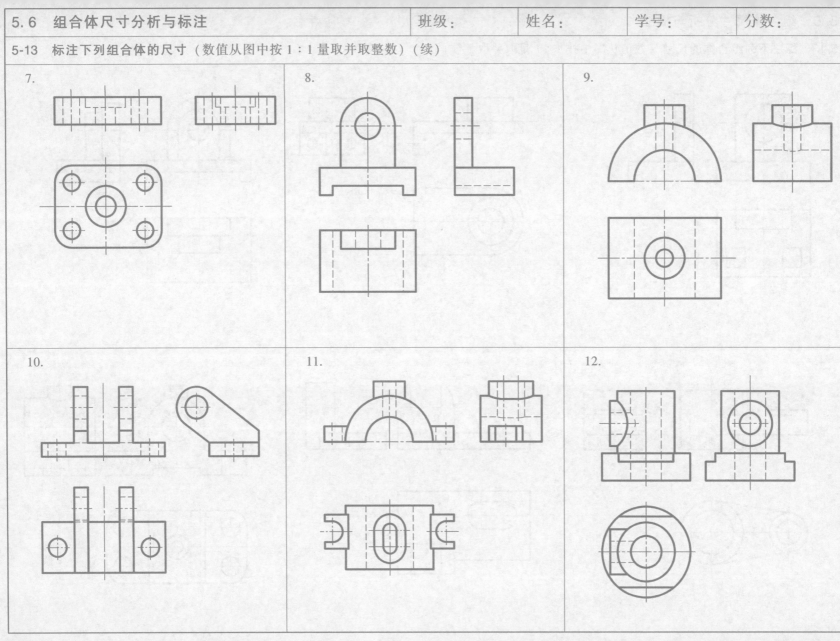

7.

8.

9.

10.

11.

12.

6.1 基本视图的绘制	班级：	姓名：	学号：	分数：

6-1 按第一角投影，根据立体图与主、俯、左三视图，补画右、后、仰视图

1.

2.

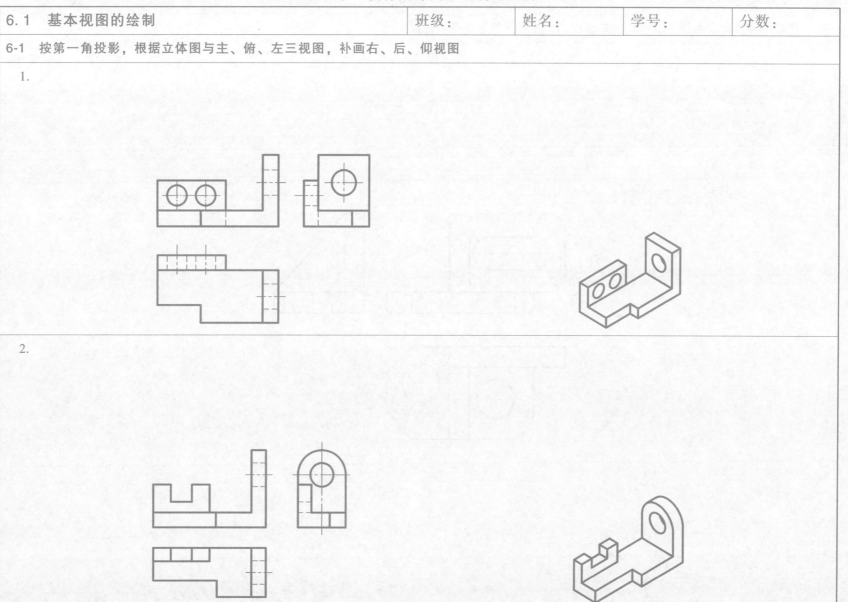

6-2 按第一角投影，根据主、俯、左三个视图，补画其他三个基本视图

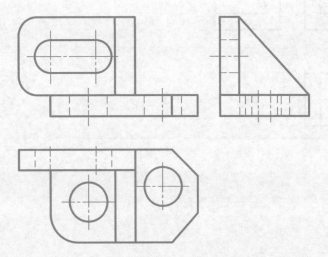

6-3 第三角投影：根据三视图，绘制轴测图（绘制在图纸上）

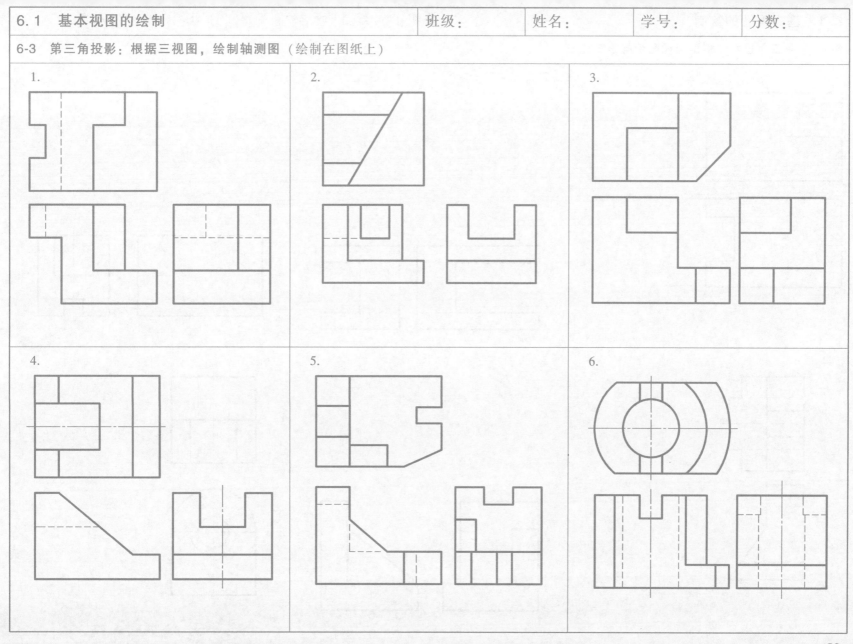

6-4 按第三角投影：根据两视图绘制第三视图

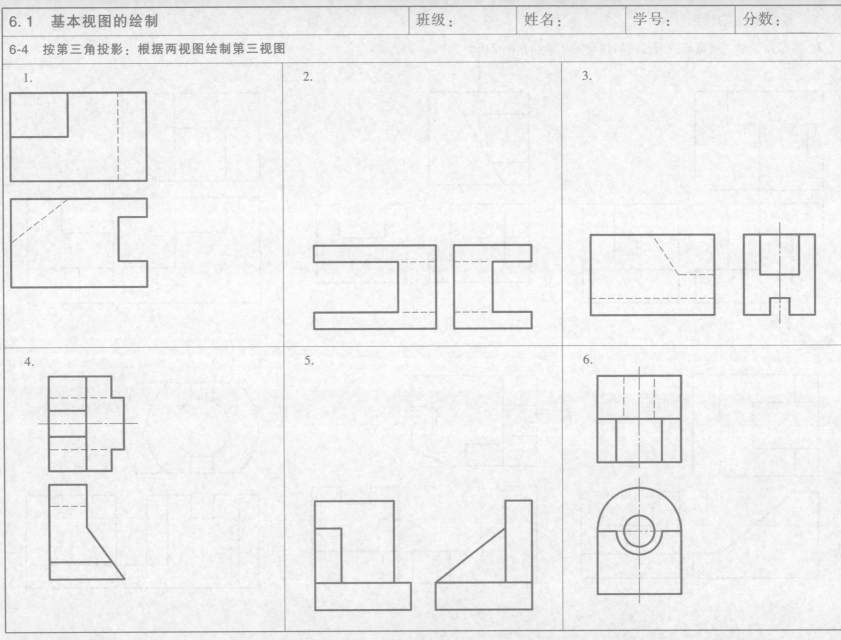

6-5　根据基本视图绘制向视图

1. 根据主、左、俯视图与轴测图，绘制 *D*、*E*、*F* 向视图

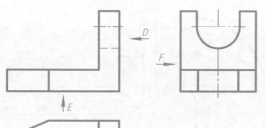

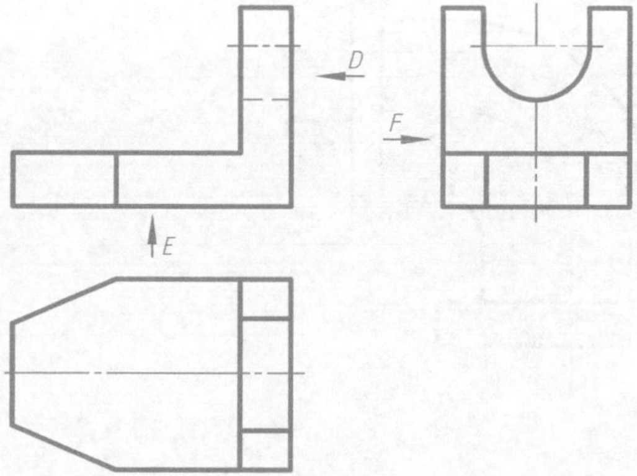

D

E

F

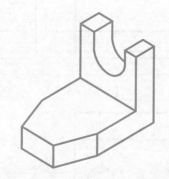

2. 根据所给视图，画 *A* 向视图

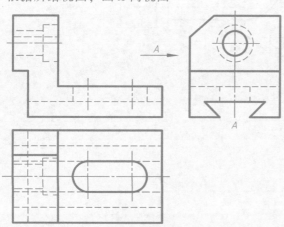

3. 根据主、俯、左三视图，补画后视图、*A* 向视图和 *B* 向视图

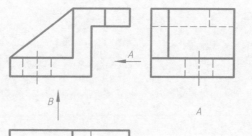

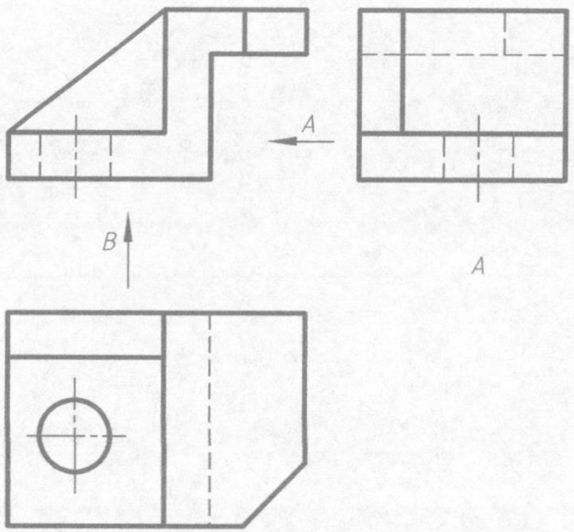

A

B

6-5　根据基本视图绘制向视图（续）	6-6　根据提供的视图绘制局部视图
4. 根据主、左、俯视图，绘制 *A*、*B*、*C* 向视图	1. 在指定位置绘制 *A*、*D* 向局部视图

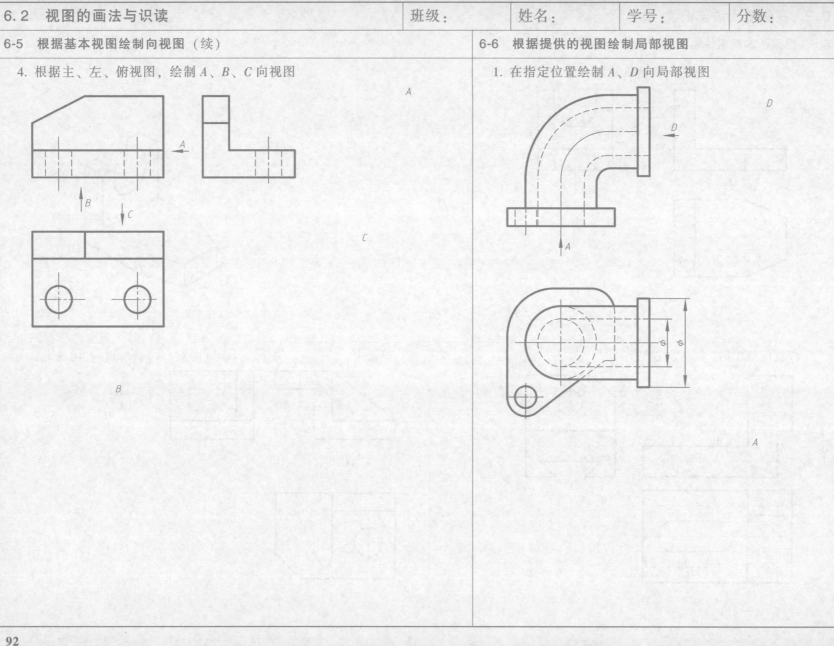

6-6　根据提供的视图绘制局部视图（续）

2. 根据所给视图与轴测图，画 A 向局部视图

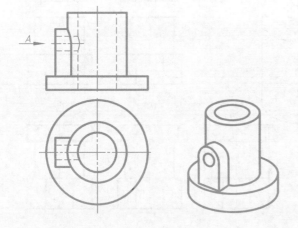

3. 根据所给视图和轴测图，画 A 向局部视图和 B 向局部视图

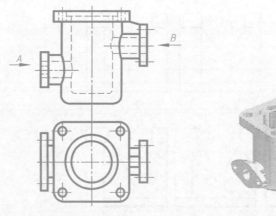

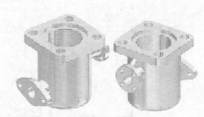

6-7　根据提供的视图绘制斜视图

1. 根据主、俯视图和轴测图，绘制 A 向斜视图

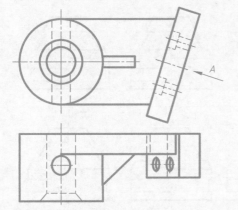

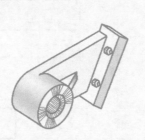

2. 根据所给视图和轴测图，补全局部俯视图，绘制 A 向斜视图

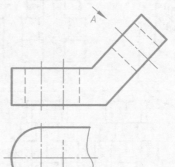

6-8　选择正确表示立体图上或视图上所示位置的剖视图

1.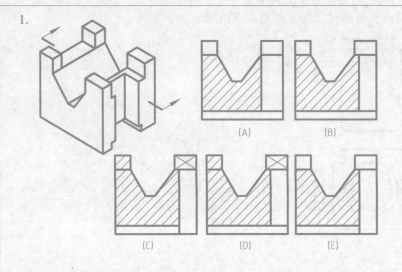

2.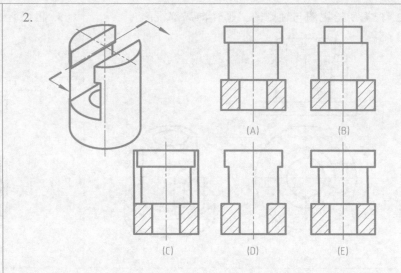

3.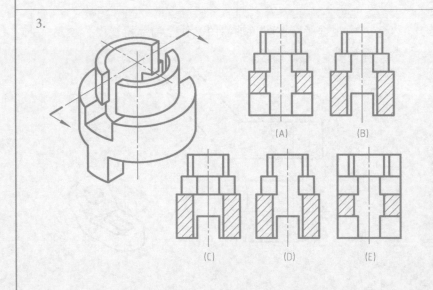

4.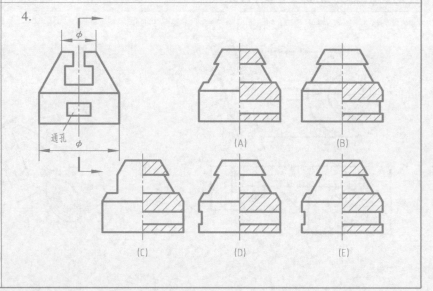

6-9　　根据立体图，按要求绘图（绘制在坐标纸上）（注：一般若没有指明用什么表达方法，即为用视图法）

1. 绘制全剖主视图和俯视图

2. 绘制全剖主视图和俯视图

3. 绘制全剖主视图和俯视图

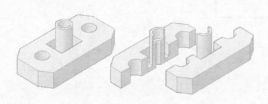

4. 绘制全剖主视图和俯视图

5. 绘制全剖主视图和俯视图

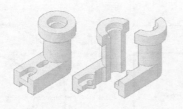

6. 绘制全剖主视图和俯视图

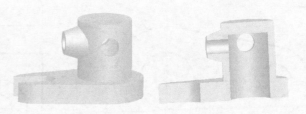

7. 绘制全剖主视图和俯视图

8. 绘制主视图和全剖俯视图

6-10　根据两面视图，想象出机件形状，将主视图改画成全剖视图

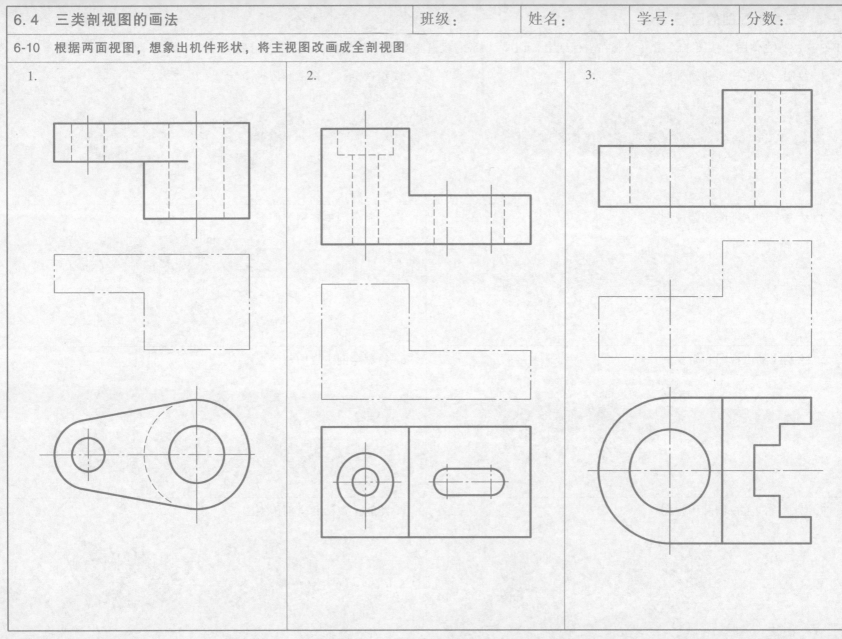

1.

2.

3.

6-10　根据两面视图，想象出机件形状，将主视图改画成全剖视图（续）

4.

5.

6.

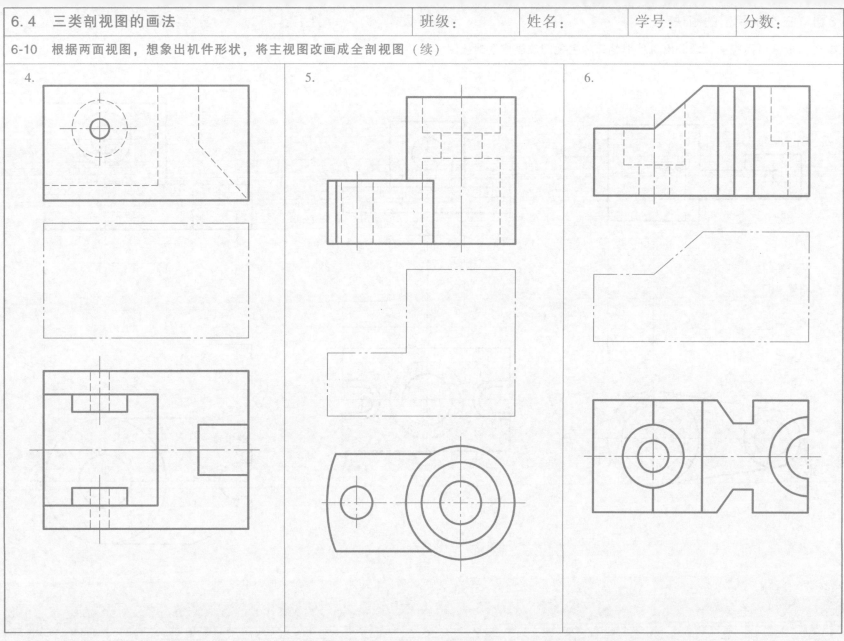

6-10 根据两面视图，想象出机件形状，将主视图改画成全剖视图（续）

7.

8.

9.

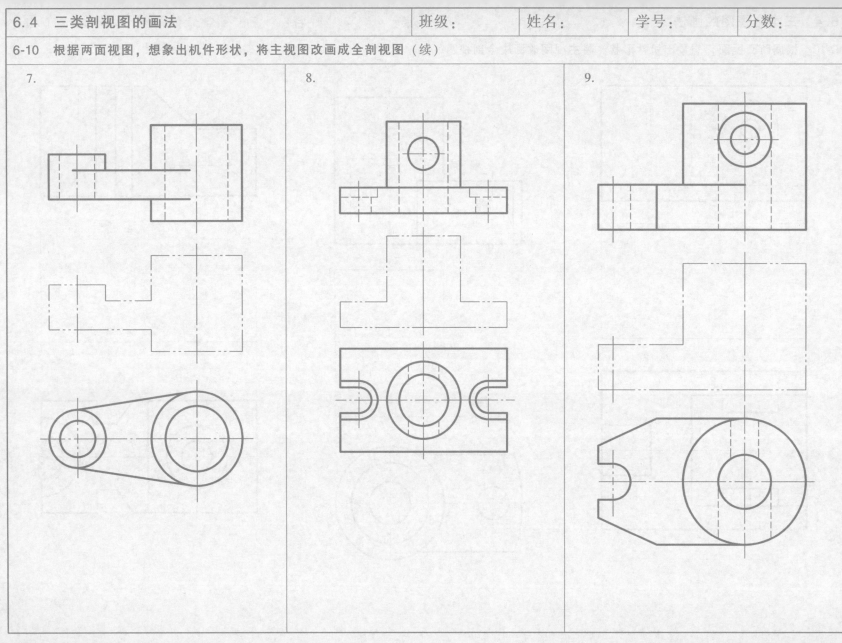

6-10　根据两面视图，想象出机件形状，将主视图改画成全剖视图（续）

10.　　　　　　　　　11.　　　　　　　　　12.

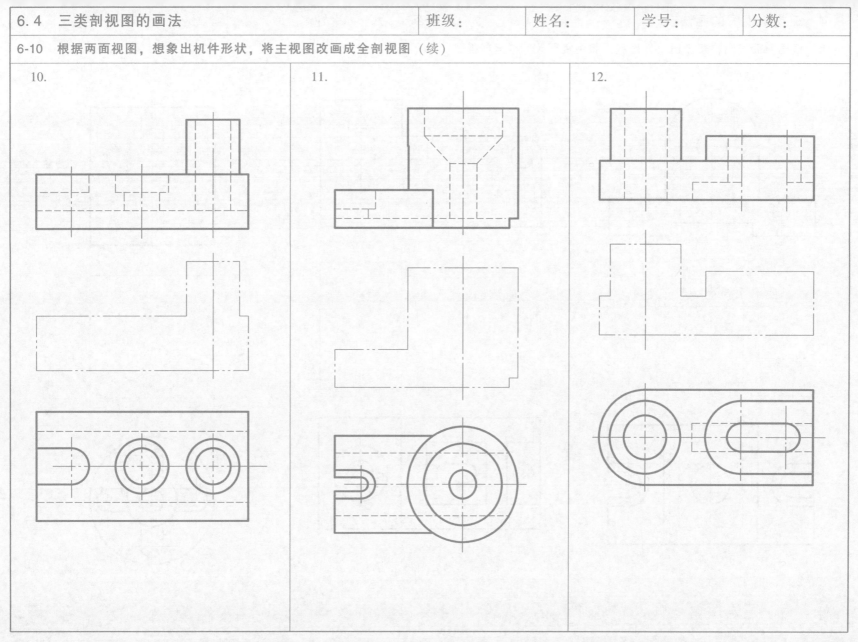

6-10 根据两面视图，想象出机件形状，将主视图改画成全剖视图（续）

13.

14.

15.

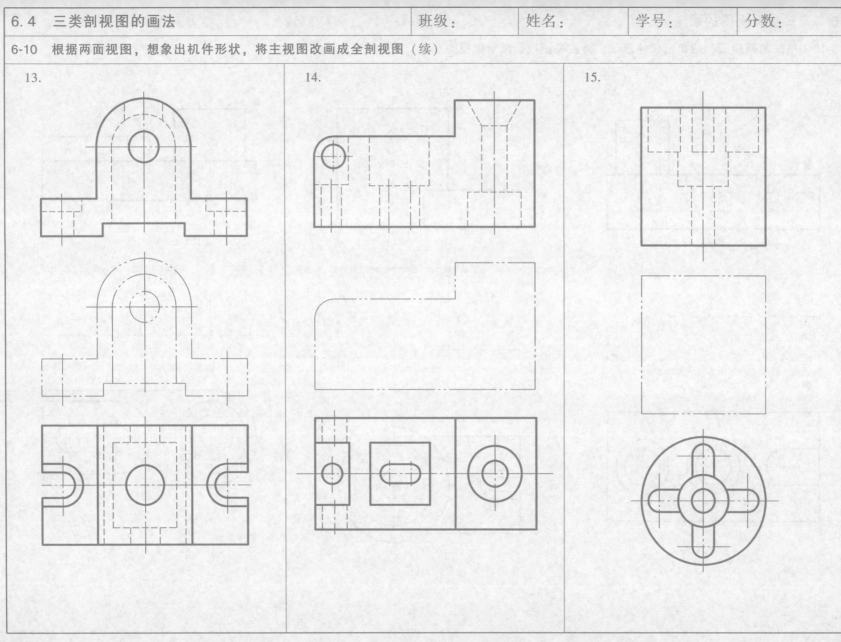

6-10　根据两面视图，想象出机件形状，将主视图改画成全剖视图（续）

16.　　　　　　　　17.　　　　　　　　18.

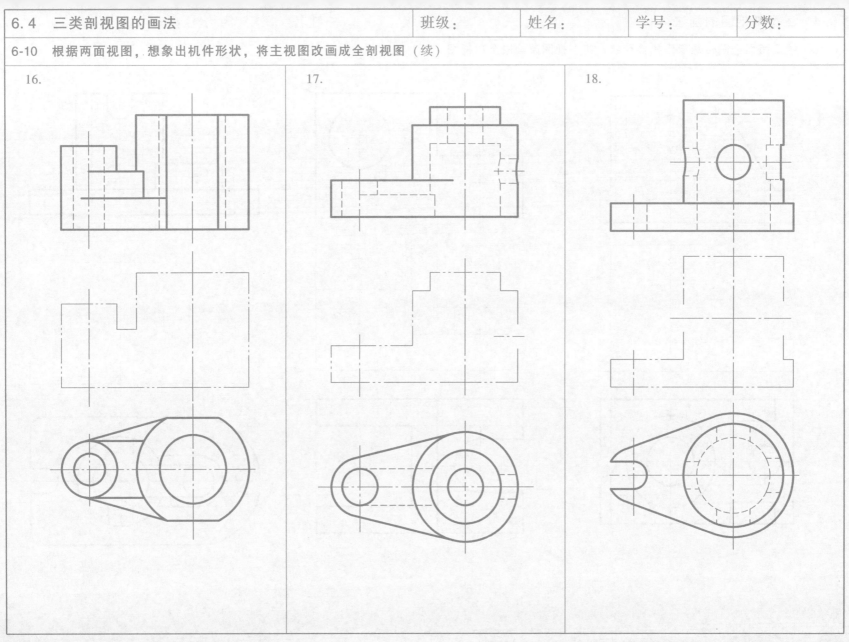

6-10 根据两面视图，想象出机件形状，将主视图改画成全剖视图（续）

19.

20.

21.

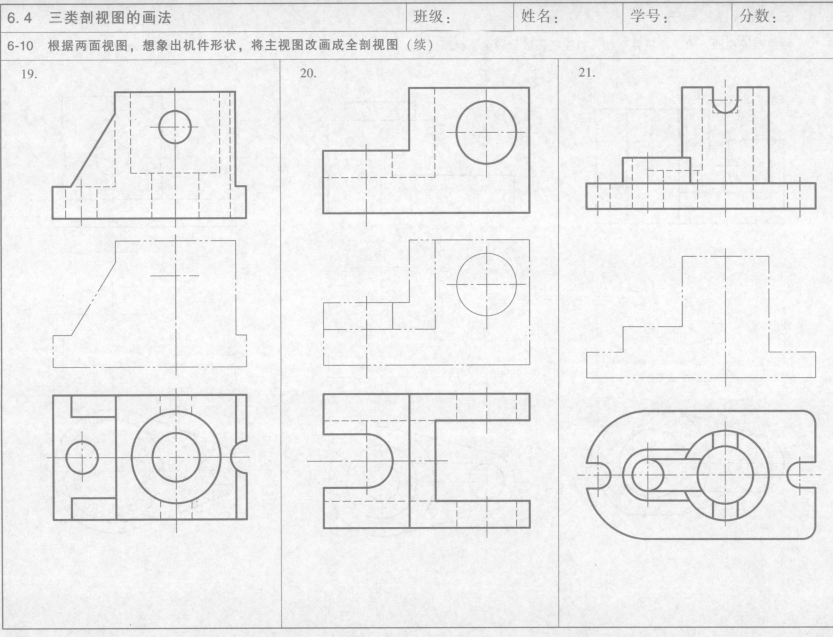

6-11　根据三视图，想象出机件形状，将主视图改画成全剖视图

1.

2.

3.

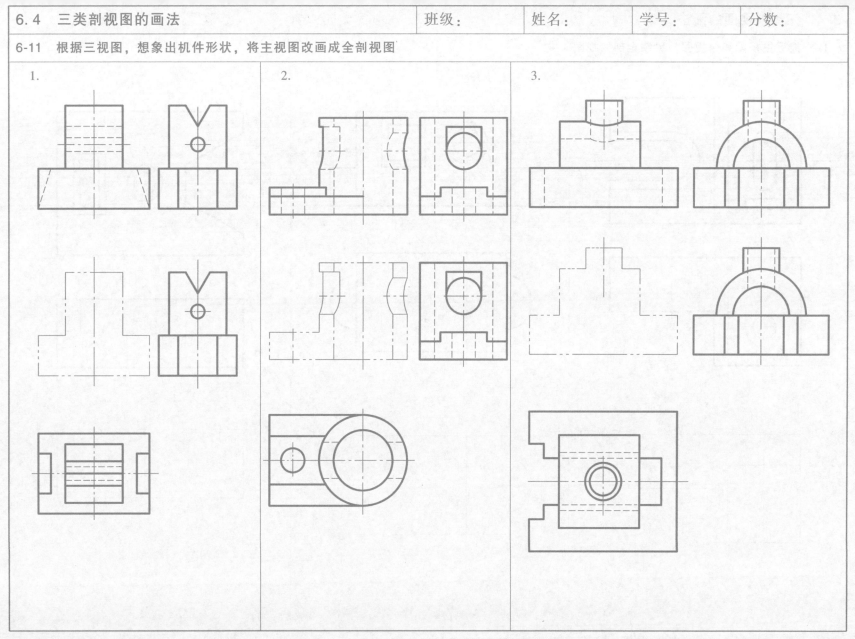

6-12 根据主视图和俯视图，绘制全剖俯视图

1.

2.

3.

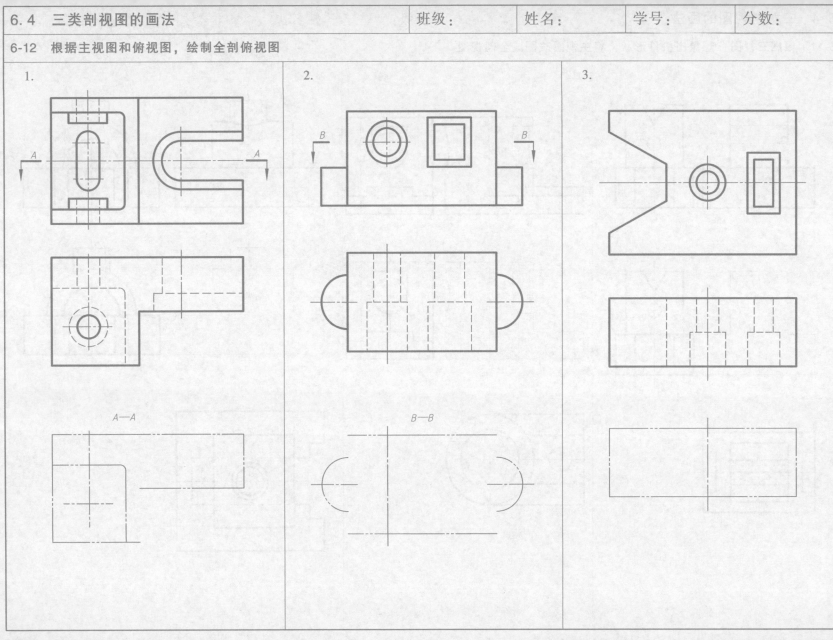

6-13 根据主视图和左视图，绘制全剖左视图

1.

2.

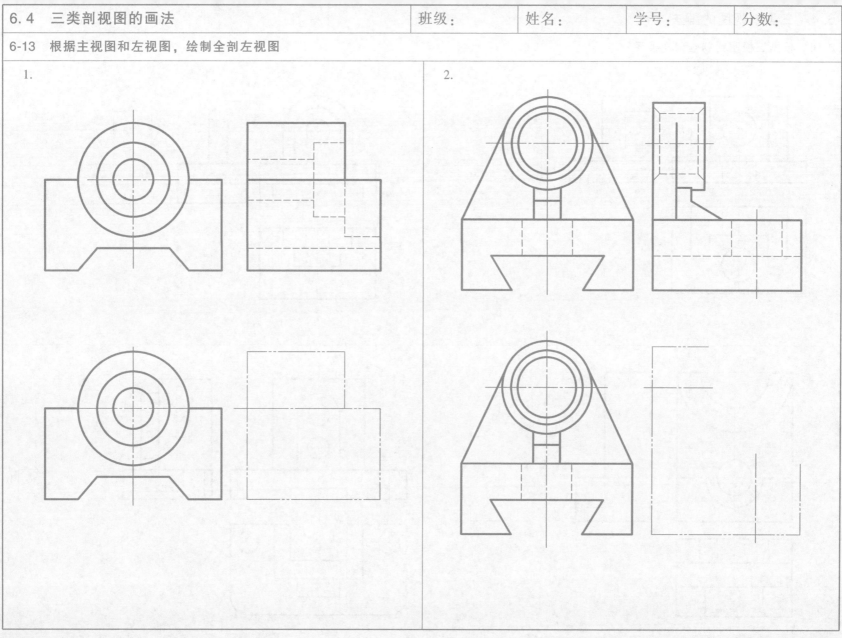

6-14 根据三视图绘制全剖左视图

1.

2.

3.

4.

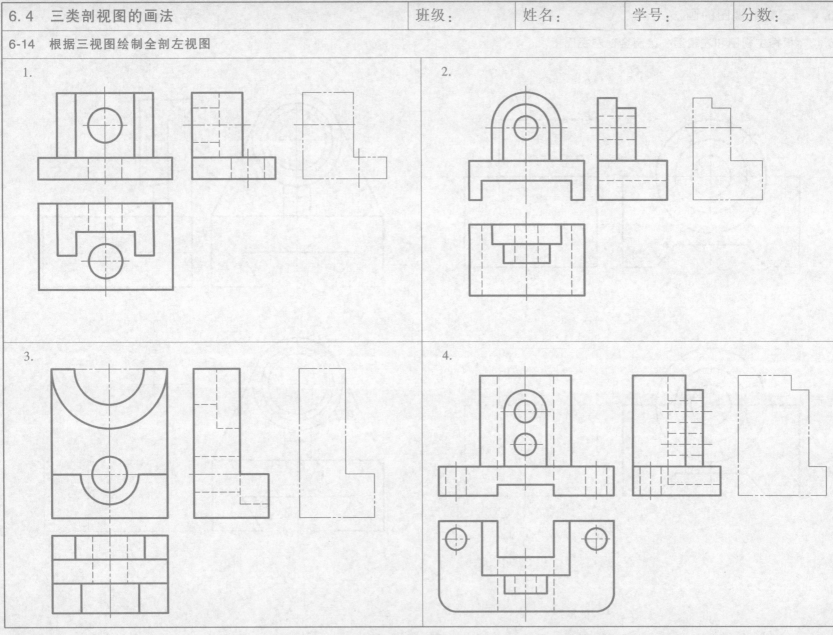

6-15　根据提供的立体图与视图，完成半剖主视图与半剖左视图（注：都为通孔、通槽；没有确定的尺寸自定）

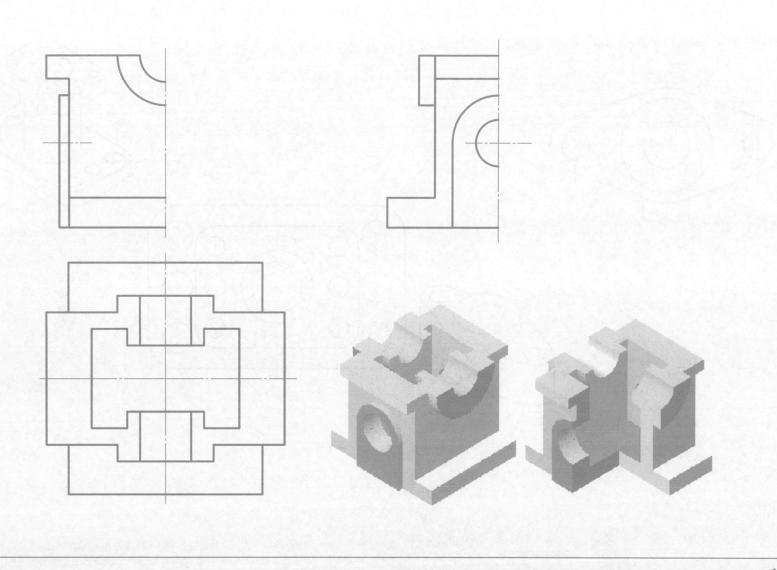

6-16 根据提供的立体图与视图，绘制半剖主视图（注：都为通孔、通槽；没有确定的尺寸自定）

1.

2.

6-17　将主视图画成半剖视图

1.

2.

3.

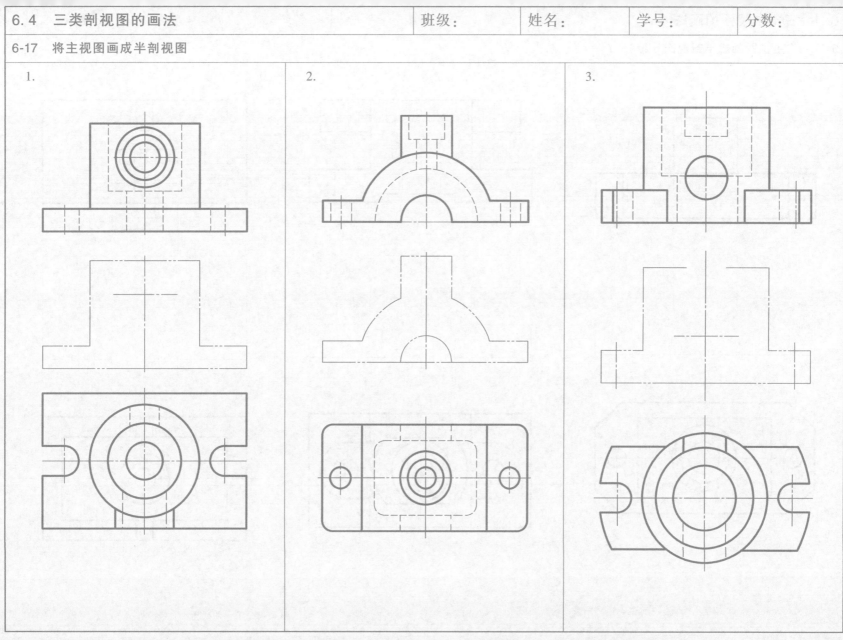

6-17 将主视图画成半剖视图（续）

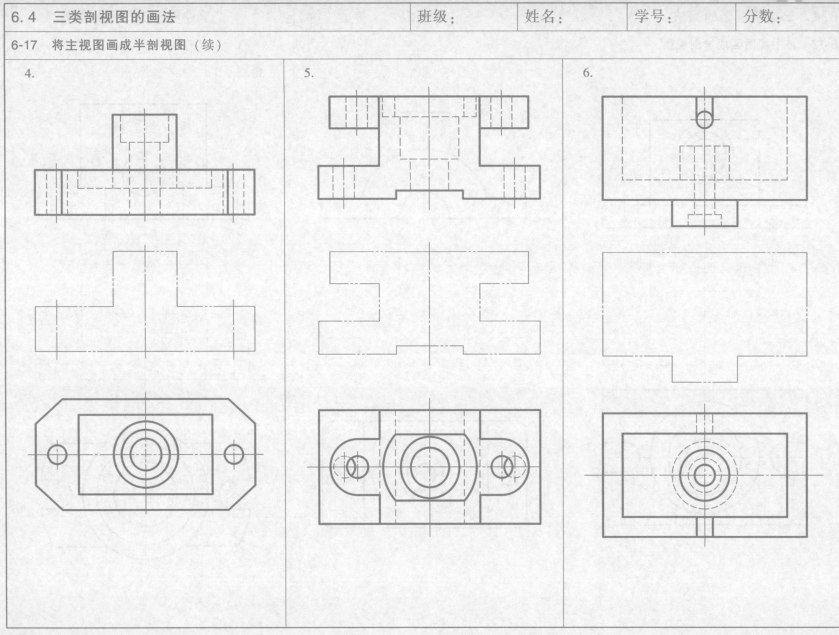

6-18　根据提供的视图，按要求绘制剖视图

1. 将主视图画成半剖视图

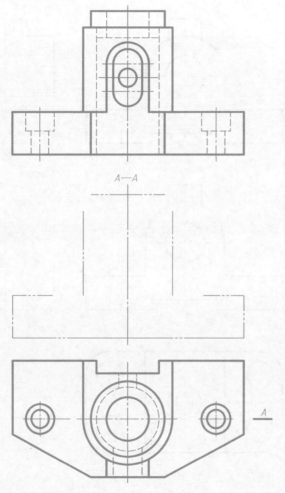

2. 将俯视图改为半剖视图

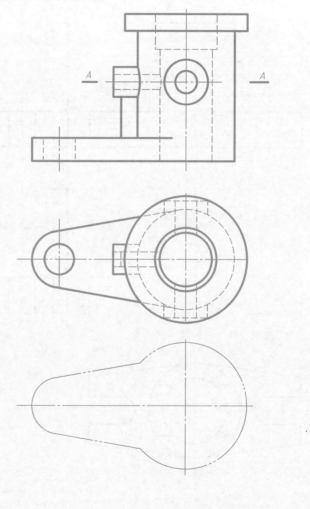

6-19　根据三视图将视图画成半剖视图

1. 将主视图画成半剖视图

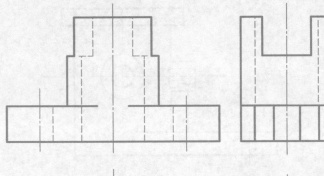

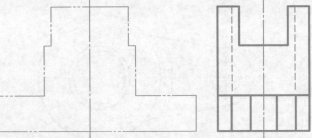

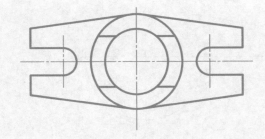

2. 将左视图画成半剖视图

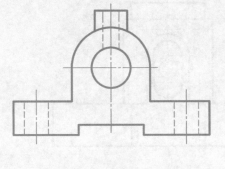
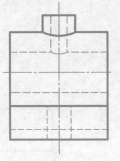

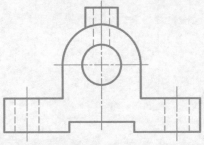
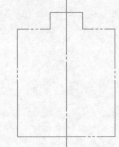

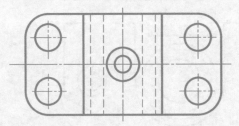

班级：	姓名：	学号：	分数：

6-20　根据形体的主视图和俯视图，选择正确的左视图

1.

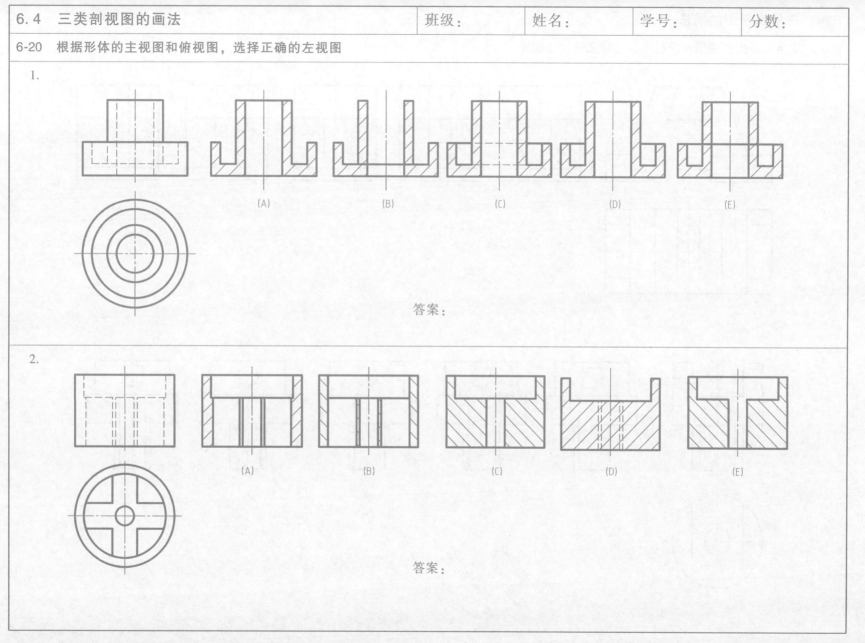

(A)　　　　(B)　　　　(C)　　　　(D)　　　　(E)

答案：

2.

(A)　　　　(B)　　　　(C)　　　　(D)　　　　(E)

答案：

6-20 根据形体的主视图和俯视图，选择正确的左视图（续）

3.

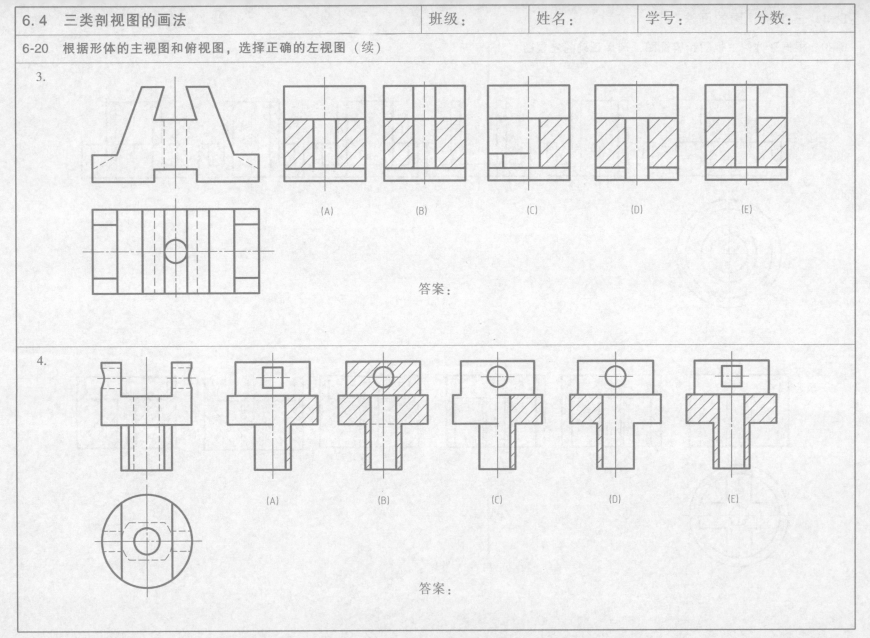

(A) (B) (C) (D) (E)

答案：

4.

(A) (B) (C) (D) (E)

答案：

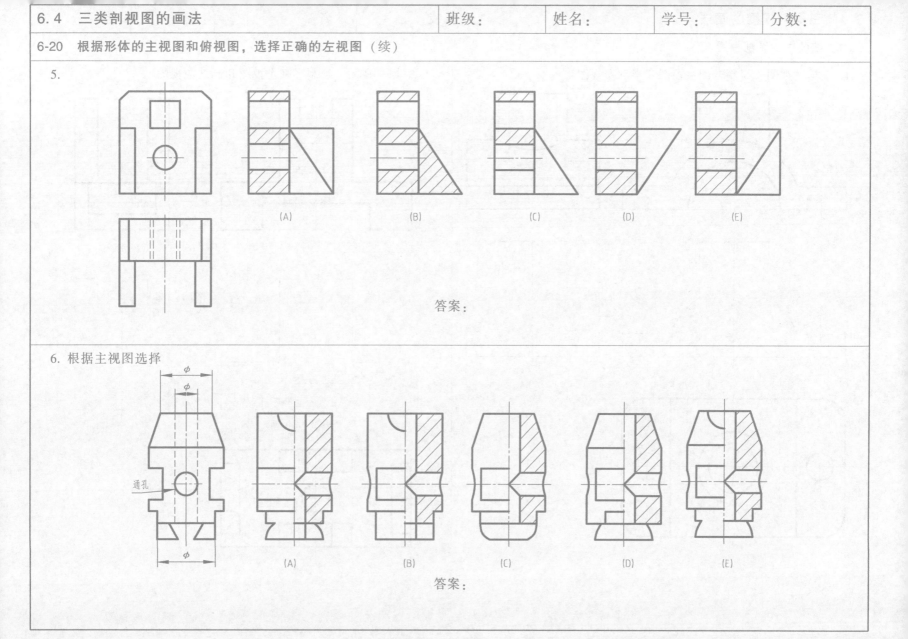

6-20　根据形体的主视图和俯视图，选择正确的左视图（续）

5.

(A)　　　(B)　　　(C)　　　(D)　　　(E)

答案：

6. 根据主视图选择

通孔

(A)　　　(B)　　　(C)　　　(D)　　　(E)

答案：

6-21 按要求绘制剖视图

1. 根据三视图，绘制全剖主视图和半剖左视图　　　　2. 根据三视图，绘制半剖主视图和半剖左视图

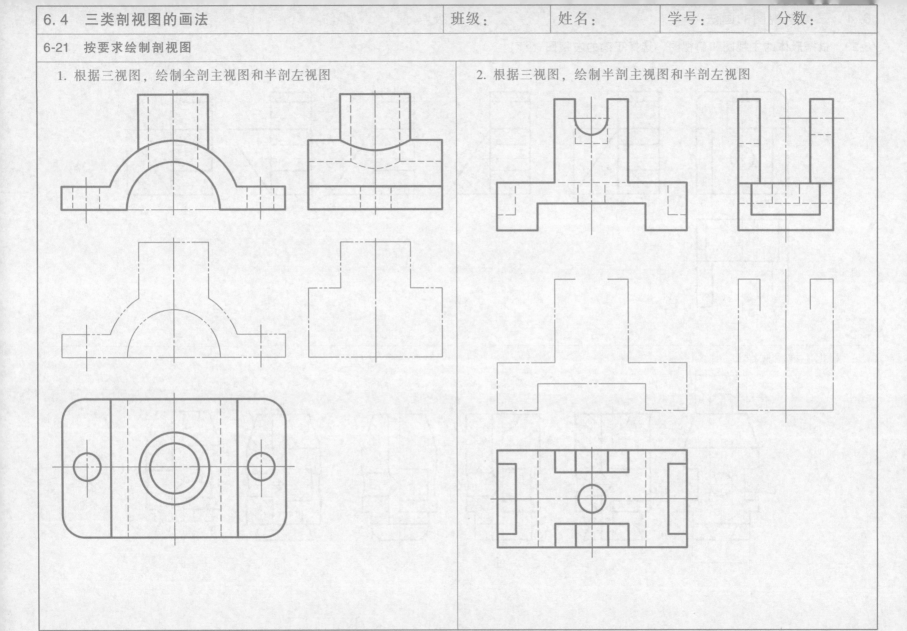

6-21　按要求绘制剖视图（续）

3. 根据两面视图，将主视图改画成全剖视图、俯视图改画成半剖视图

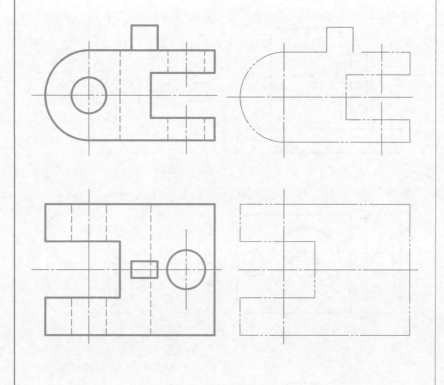

4. 根据三视图，将主视图、左视图改画成全剖视图

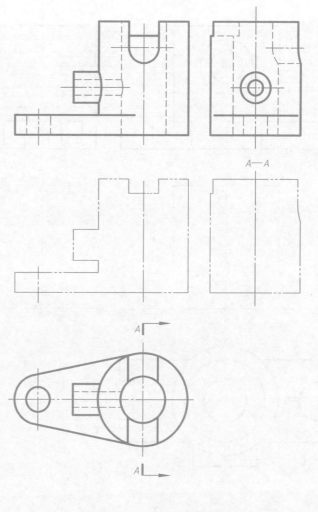

6-21　按要求绘制剖视图（续）

5. 根据三视图，绘制半剖主视图和全剖左视图

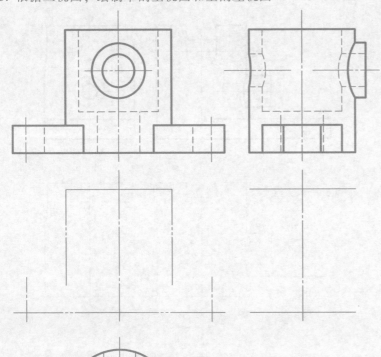

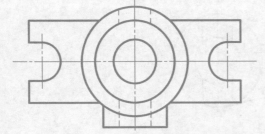

6. 根据视图，绘制全剖主视图与半剖俯视图

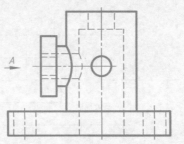

D—D

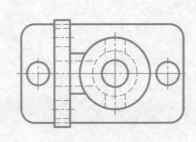

A

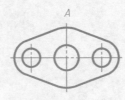

6-22　根据视图绘制局部剖视图

1. 把俯视图改画成局部剖视图

2. 把主视图改画成局部剖视图

3. 把主、俯视图改画成局部剖视图

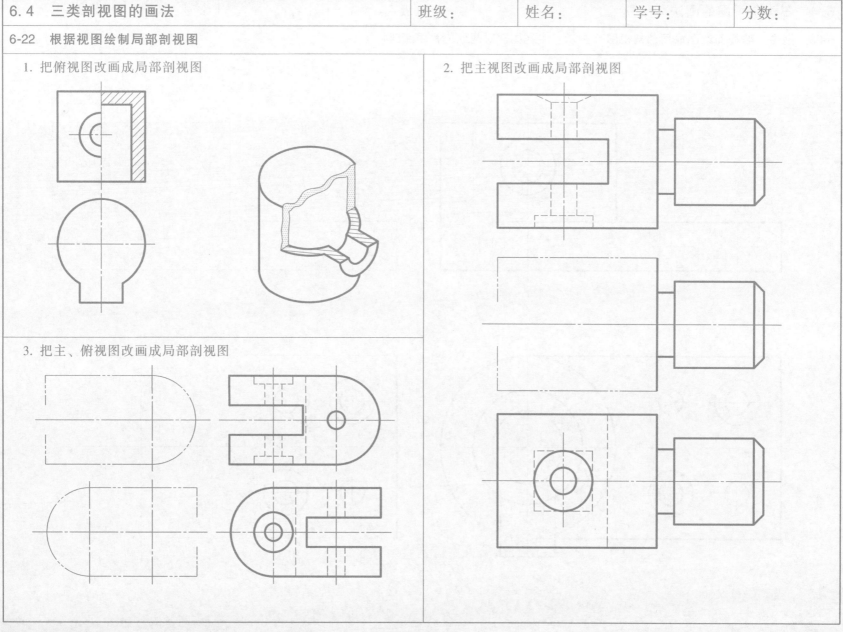

6-23 把主、俯视图改画成局部剖视图（提示：主视图需对两处位置局部剖）

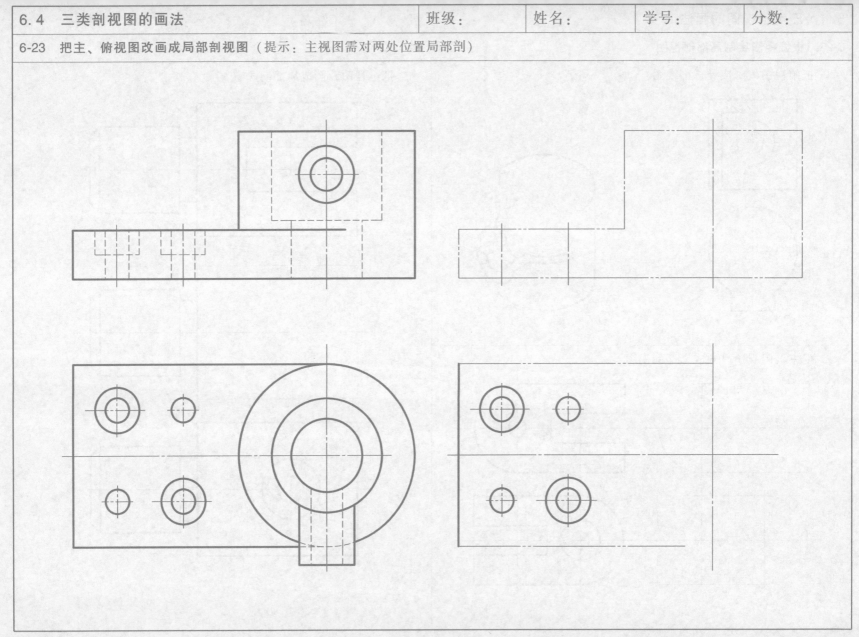

6-24　把主、俯视图改画成局部剖视图（提示：主、俯视图各需对两处位置局部剖）

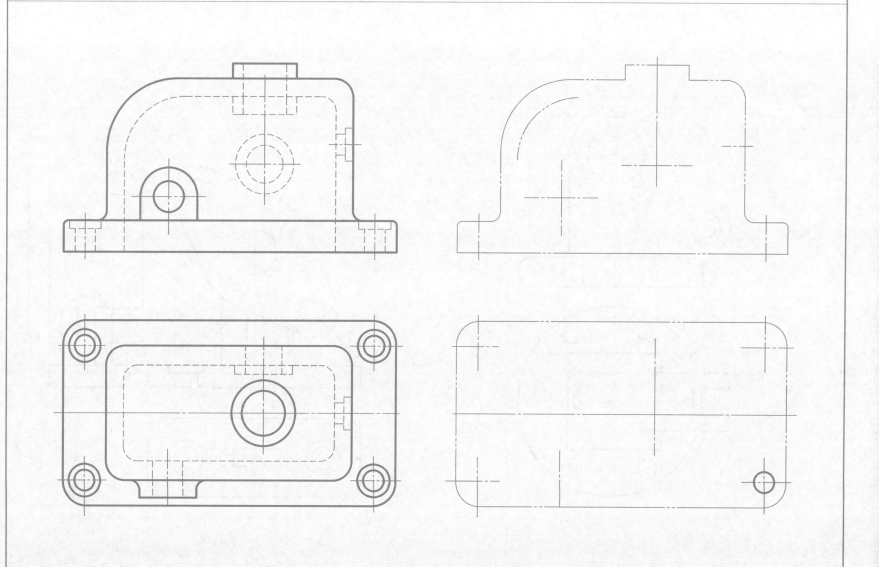

6-25　绘制一个垂直面剖开倾斜结构的剖视图

1. 根据主、俯视图，绘制 $A—A$ 全剖视图

　$A—A$

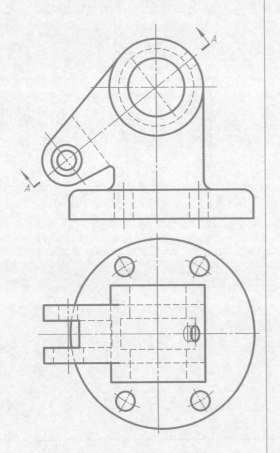

2. 根据视图，绘制 $A—A$ 全剖视图

　$A—A$

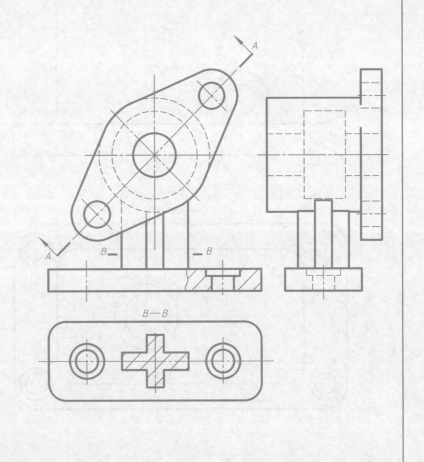

6-25 绘制一个垂直面剖开倾斜结构的剖视图（续）

3. 根据左边视图，绘制 *A—A* 全剖视图和完成 *B—B* 全剖视图

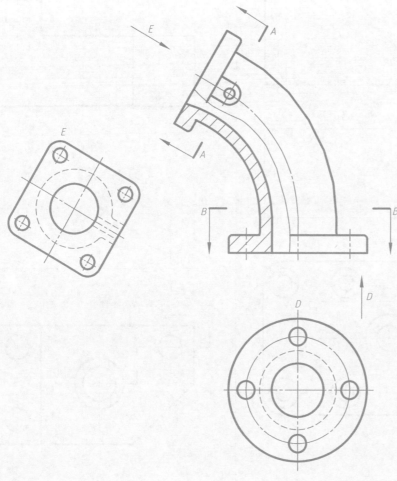

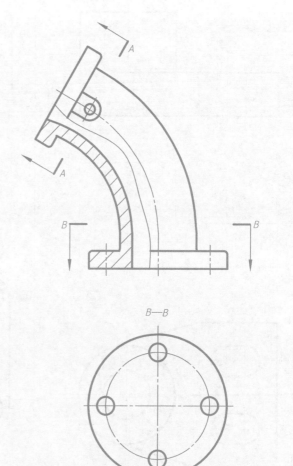

6-26 根据提供的视图画几个平行平面剖切的全剖主视图（提示：需要标注）

1.　　　　　2.　　　　　3.

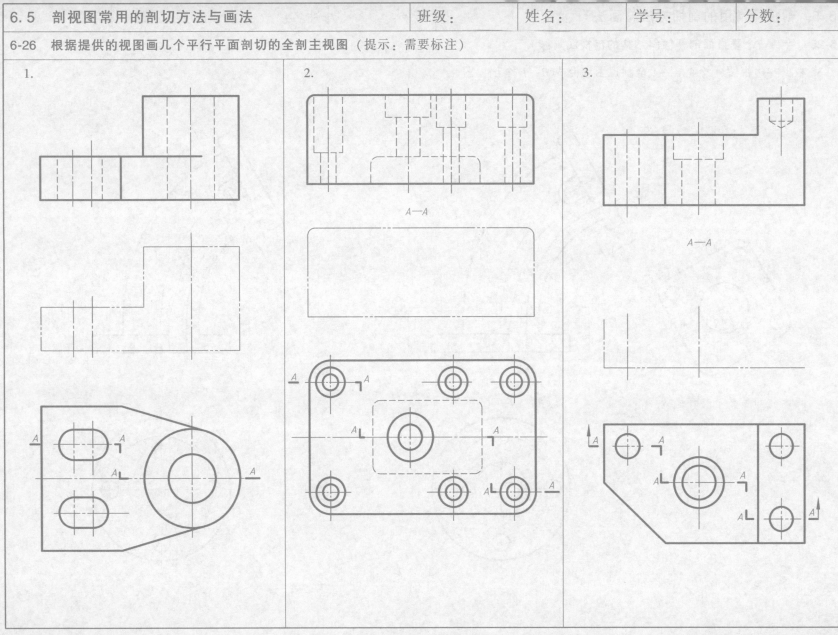

6-27　将主视图改为由几个平行的剖切平面剖切的全剖视图

1.　　　　　　　　　2.　　　　　　　　　3.

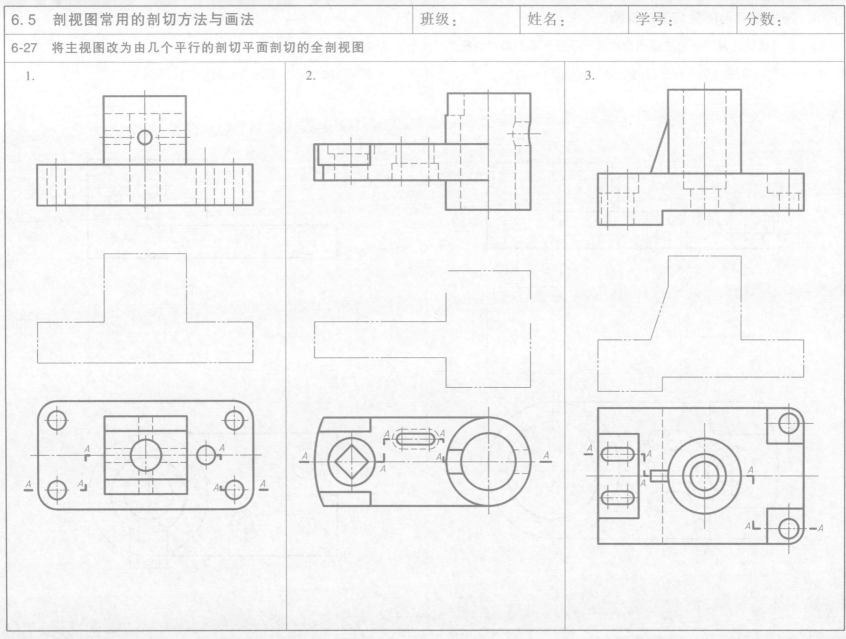

6-28　根据提供的视图，将主视图改成几个平行平面剖切的剖视图（提示：需要标注）

1. 将主视图改成几个平行平面剖切的全剖视图

2. 将主视图改成几个平行平面剖切的局部剖视图

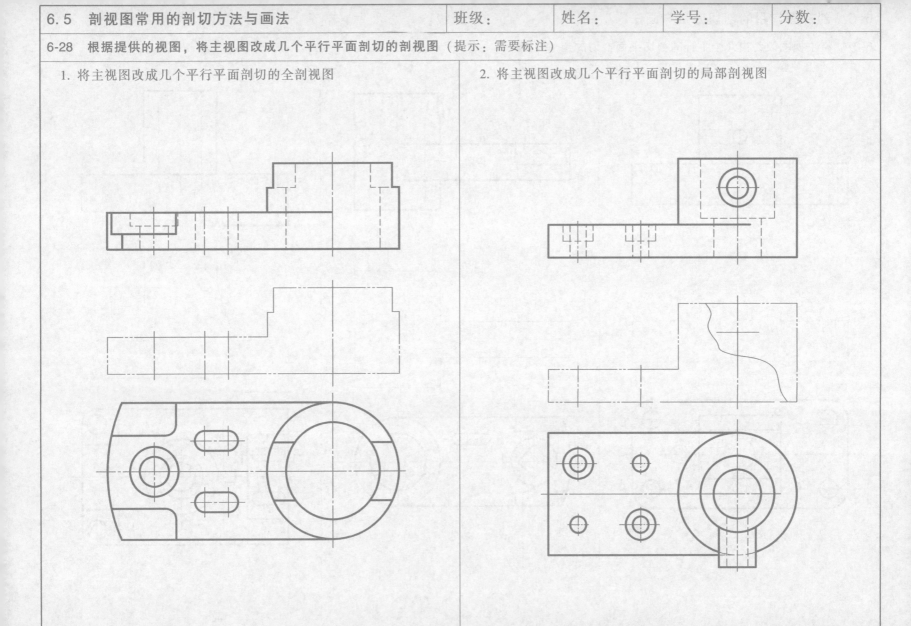

6-29　根据提供的视图画几个平行平面剖切的全剖视图（提示：需要标注）

1.

2.

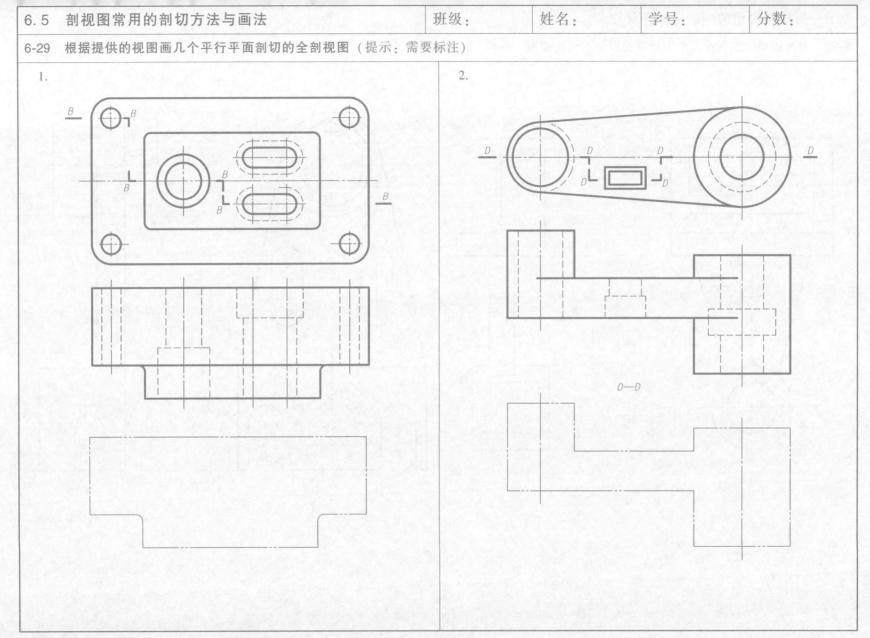

6-29 根据提供的视图画几个平行平面剖切的全剖视图（提示：需要标注）（续）

3.

4.

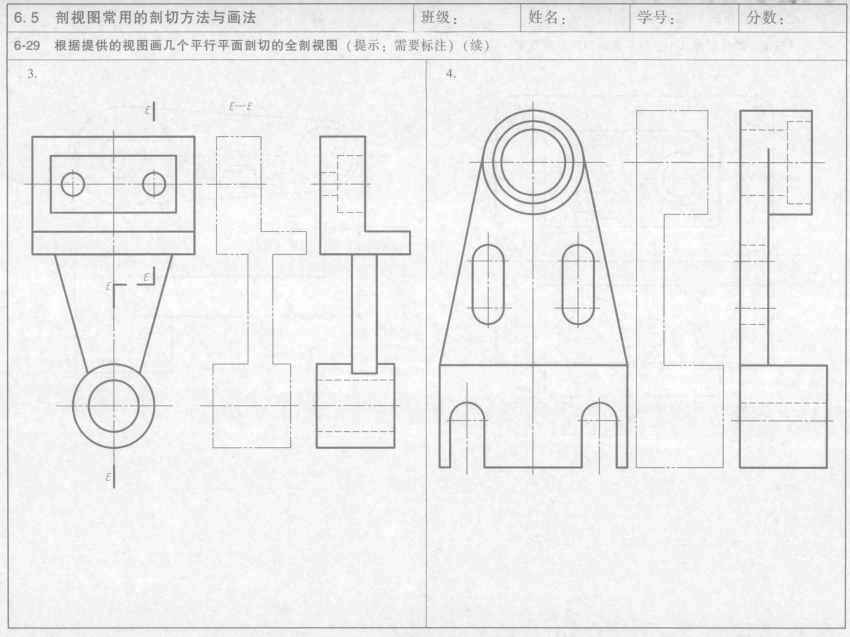

6.5 剖视图常用的剖切方法与画法	班级：	姓名：	学号：	分数：

6-30 将俯视图改成用相交平面剖切的全剖视图（提示：用相交剖切平面剖切的剖视图需要标注）

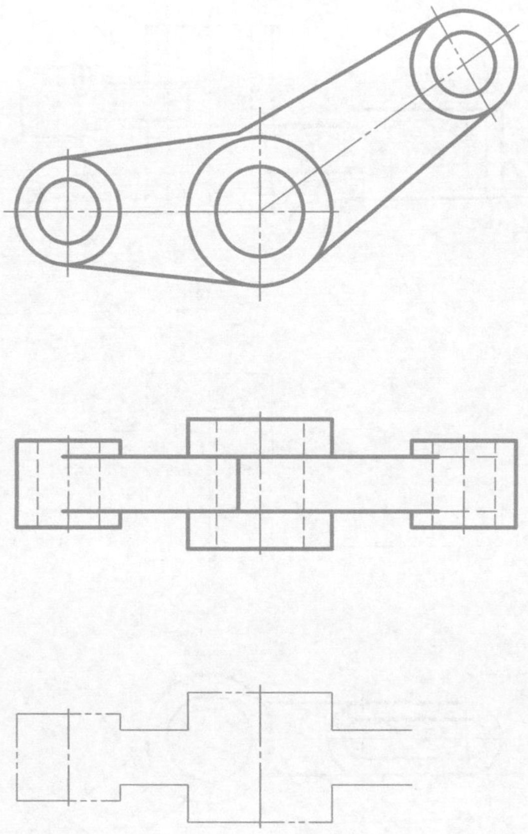

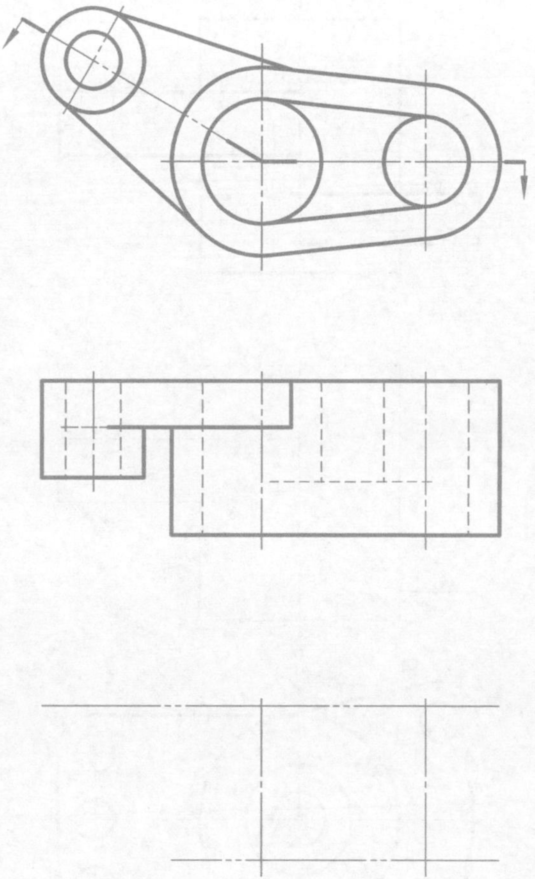

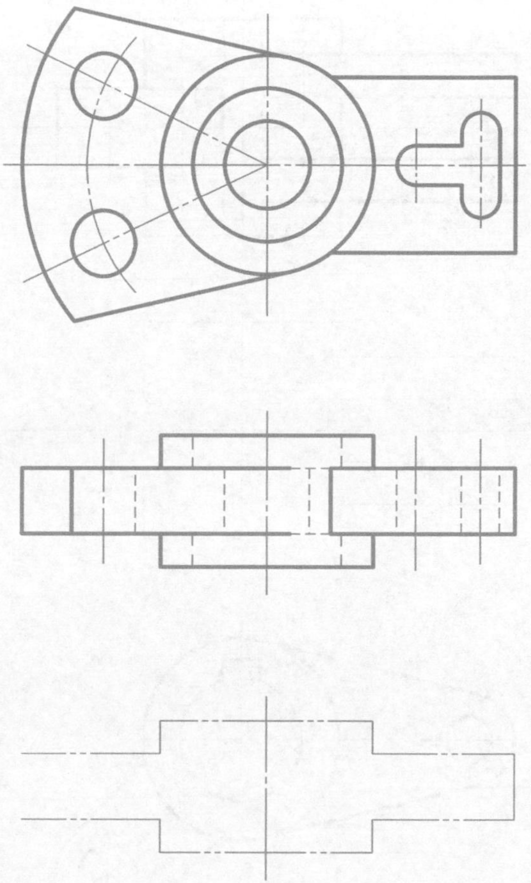

6-31 将主视图改为由两个相交平面剖切的全剖视图（提示：需要标注）

1.

2.

3.

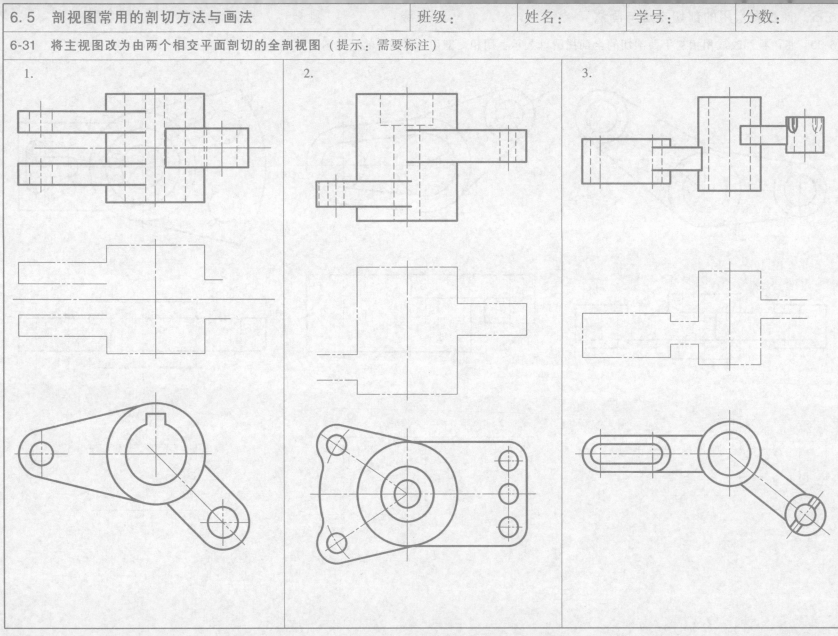

6-32　将主视图画成用相交平面剖切的全剖视图（提示：用相交剖切平面剖切的剖视图需要标注）

1.

2.

3.

4.

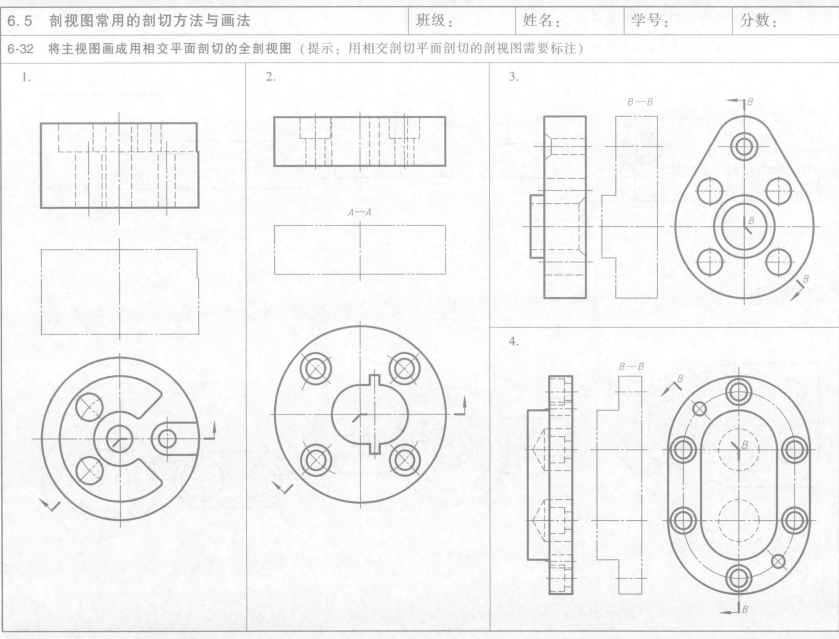

6-33 将主视图画成组合面剖切的全剖视图（提示：剖视图需要标注）

1.

2.

3.

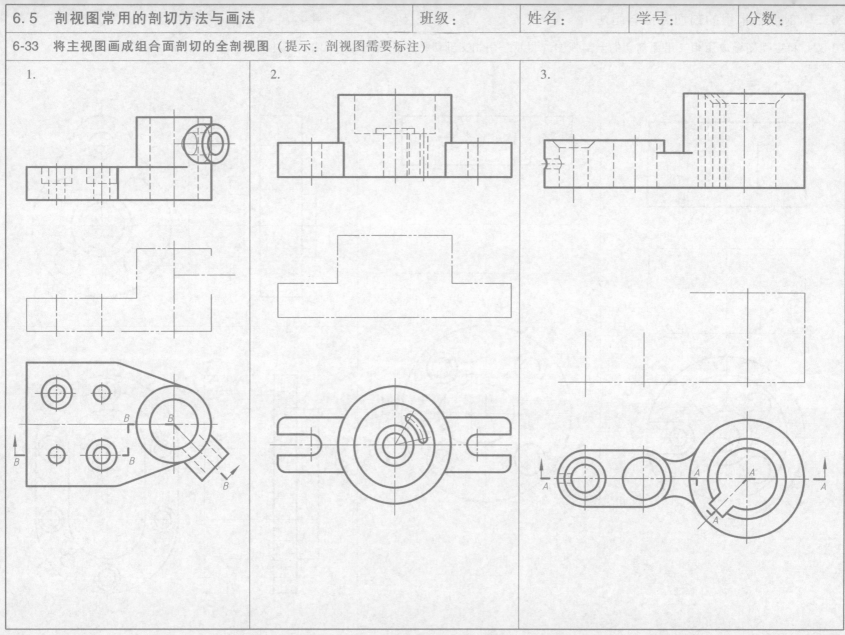

6-34　根据提供的视图绘制组合面剖切的全剖视图（提示：剖视图需要标注）

1. 将俯视图画成全剖视图

2. 将左视图画成全剖视图

3. 将主视图画成全剖视图

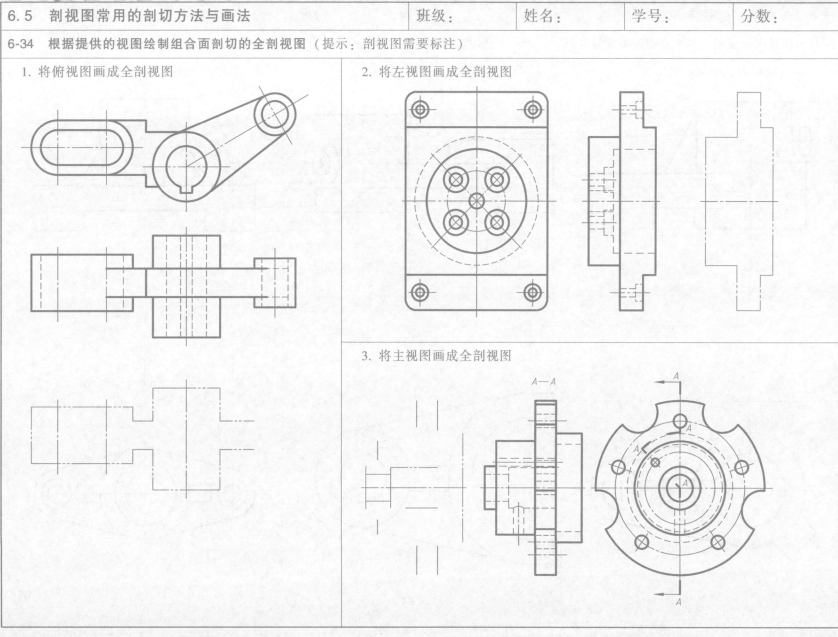

6-35 根据两面视图，将主视图改画成剖视图（提示：注意规定画法）

1. 将主视图画成全剖视图

2. 将主视图画成全剖视图

3. 将主视图画成半剖视图

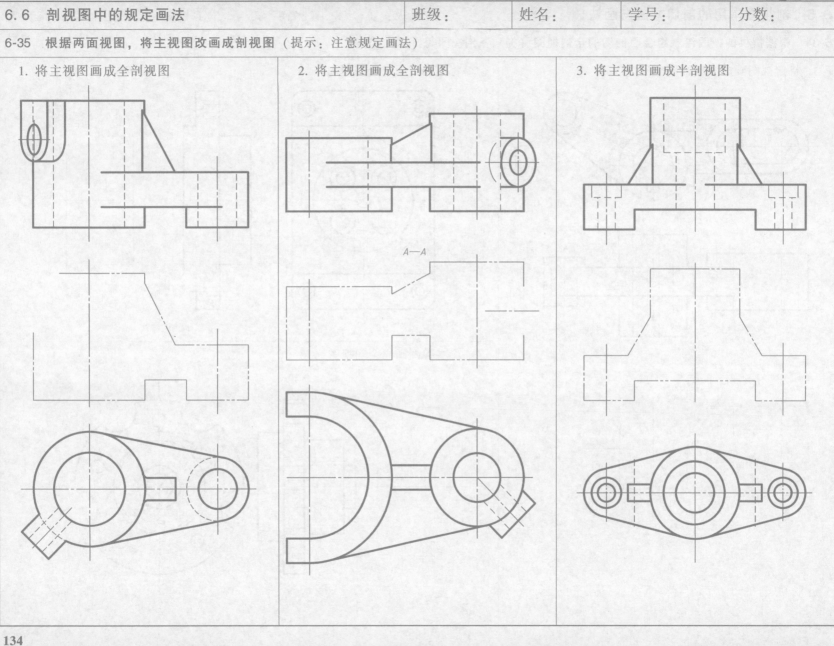

A—A

6-36　根据提供的剖视图，分析机件结构形状，补主视图中所漏画的图线

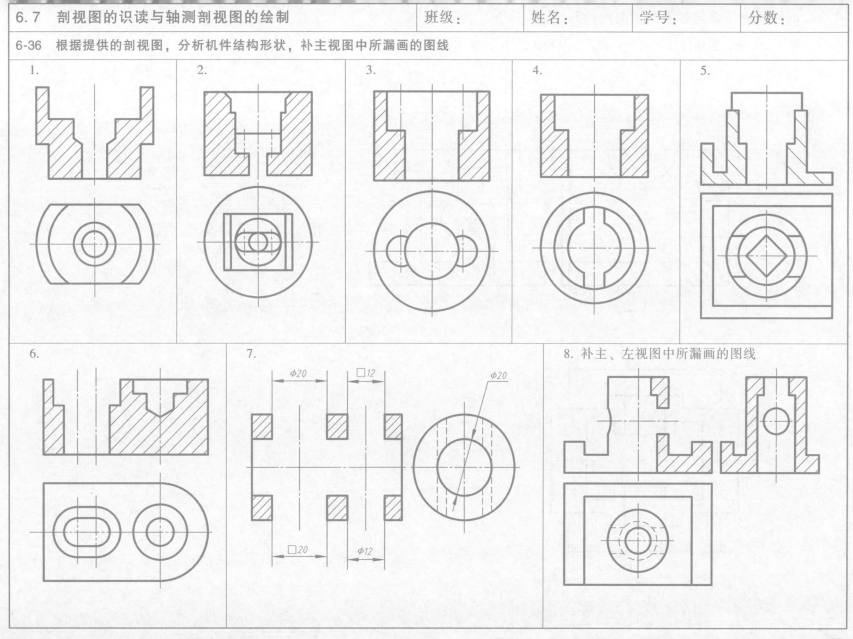

1.

2.

3.

4.

5.

6.

7.

$\phi20$　$\square12$　$\phi20$

$\square20$　$\phi12$

8. 补主、左视图中所漏画的图线

6-37　根据主、俯、左视图绘制 *A* 向视图、*B* 向视图、*D—D* 全剖视图、*E—E* 全剖视图

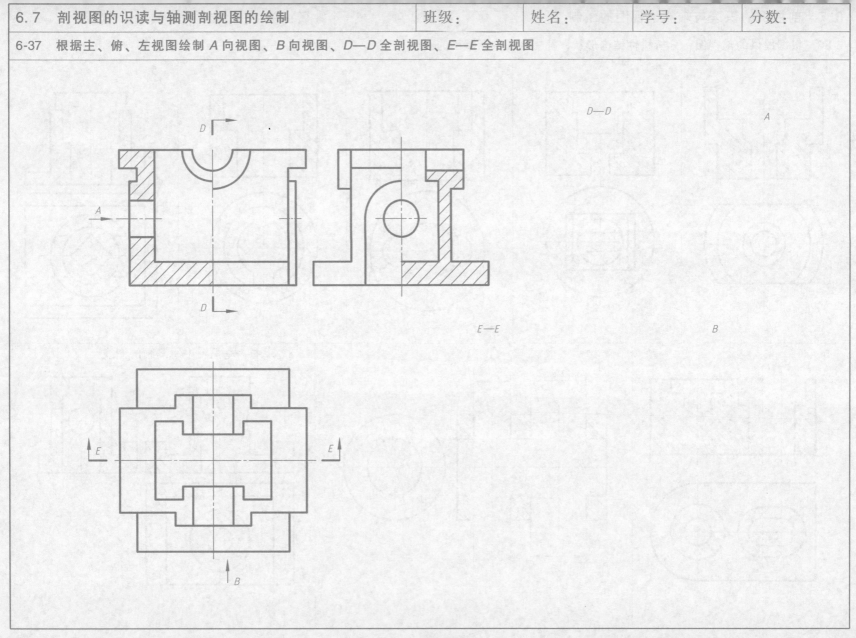

6-38　根据视图想象机件结构，绘制指定剖切位置处的移出断面图（注：未指明深度的孔、槽为通孔通槽；两相交细实线所在框表示立体上的面为平面）

1.

2.

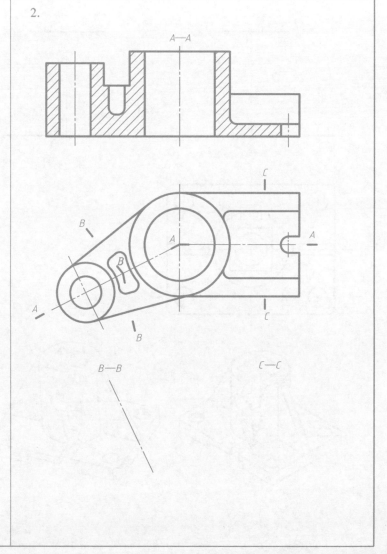

6-39 根据标注的剖切符号，按要求绘图

1. 绘制 *A—A* 半剖主视图与 *B—B* 全剖视图

2. 绘制 *A—A* 局部剖视图与 *B—B* 全剖视图

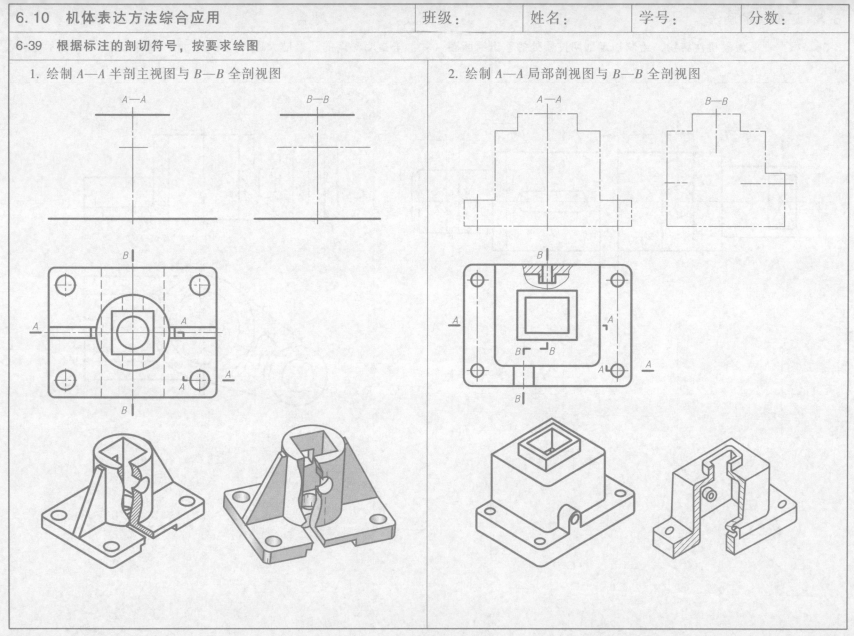

*6-40　识读视图，想象出机件形状，绘图

1. 绘制 A—A 全剖视图

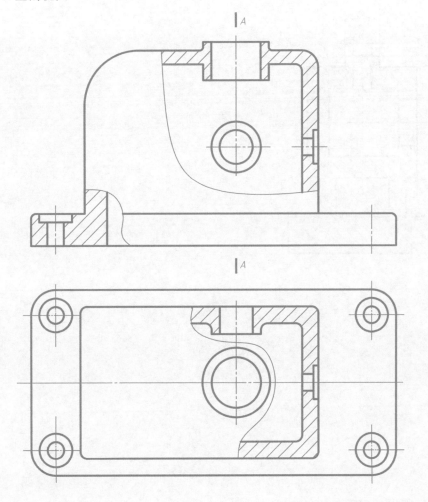

A—A

*6-40 识读视图，想象出机件形状，绘图（续）

2. 绘制 A—A 半剖视图

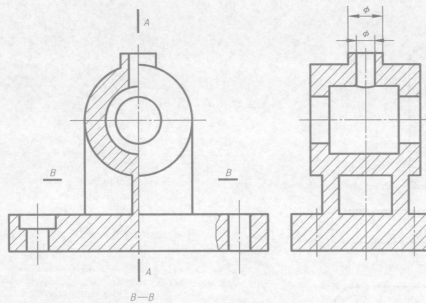

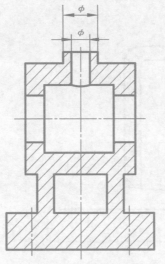

A—A

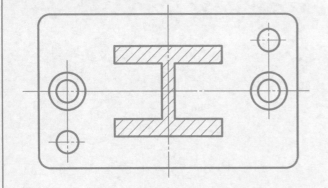

B—B

7.2　零件表达方案的选择	班级：	姓名：	学号：	分数：

7-1　根据轴测图，选择合适的表达方案，按尺寸在图纸上绘制轴类零件图（注：可选用 A3 图幅，比例取 2：1）

提示：（1）选择主视图方向时，建议将零件大端摆放到左边，
　　　　　即将轴测图旋转 180°摆放；
　　　（2）可先不标注各符号，等学习技术要求后，再完成
　　　　　整个零件图。

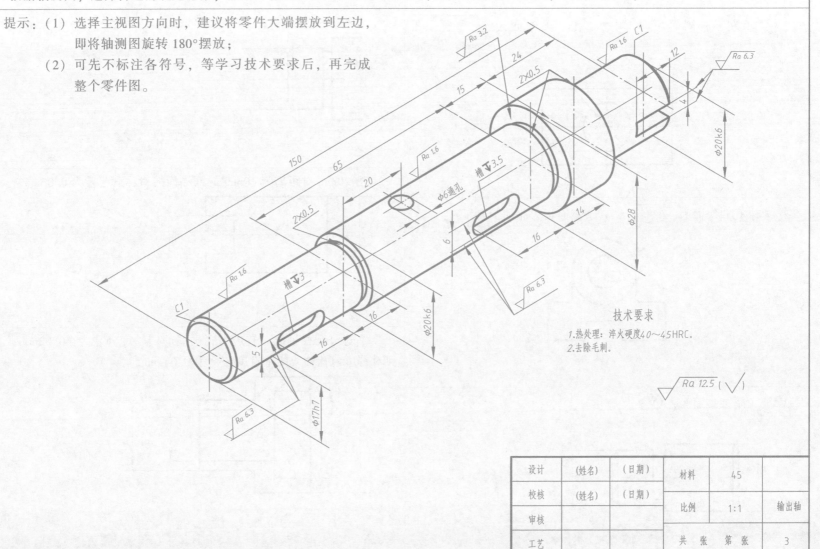

技术要求

1.热处理：淬火硬度40~45HRC.
2.去除毛刺.

$\sqrt{Ra\ 12.5}$ ($\sqrt{}$)

设计	（姓名）	（日期）	材料	45	
校核	（姓名）	（日期）			
审核			比例	1：1	输出轴
工艺			共　张　第　张		3

7.4　零件的技术要求	班级：	姓名：	学号：	分数：

7-2　根据给定要求标注表面结构代号，并在尺寸线上填写尺寸（公差等级取 8，基本偏差自定）

1. 要求左、右侧面为 $\sqrt{Ra\,3.2}$，上、下侧面为 $\sqrt{Ra\,6.3}$，孔为 $\sqrt{Ra\,1.6}$

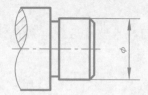

2. 要求孔和底面为 $\sqrt{Ra\,3.2}$，其余表面均为非加工表面

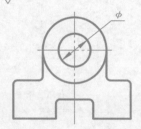

3. 要求全部表面为 $\sqrt{Ra\,12.5}$

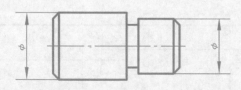

7-3　将几何公差要求用代号标注在图上，并在尺寸线上填写尺寸（公差等级取 6，基本偏差自定）

1. 右边圆柱的圆柱度公差为 0.04mm

2. 槽 20mm 对距离为 40mm 的两平面的对称度公差为 0.06mm

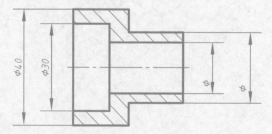

3. 右边外圆柱轴线对右边内孔轴线的同轴度公差为 ϕ0.02mm；右端面对右边内孔轴线的垂直度公差为 0.04mm

7-4　根据题目要求完成螺纹投影图

1. 补全螺杆的投影图

2. 补全螺孔的投影图（通孔）

3. 补全螺孔的投影图（盲孔）

4. 已知杆件的直径为 $\phi30mm$，在杆的左端制大径为 M30、长度为 35mm 的粗牙普通螺纹，螺纹倒角 C2，试画出螺杆的主、左视图

5. 零件左端加工有 M30 的粗牙普通螺纹，钻孔深为 35mm，螺孔深为 28mm，螺纹倒角 C2，试画出螺孔的主、左视图

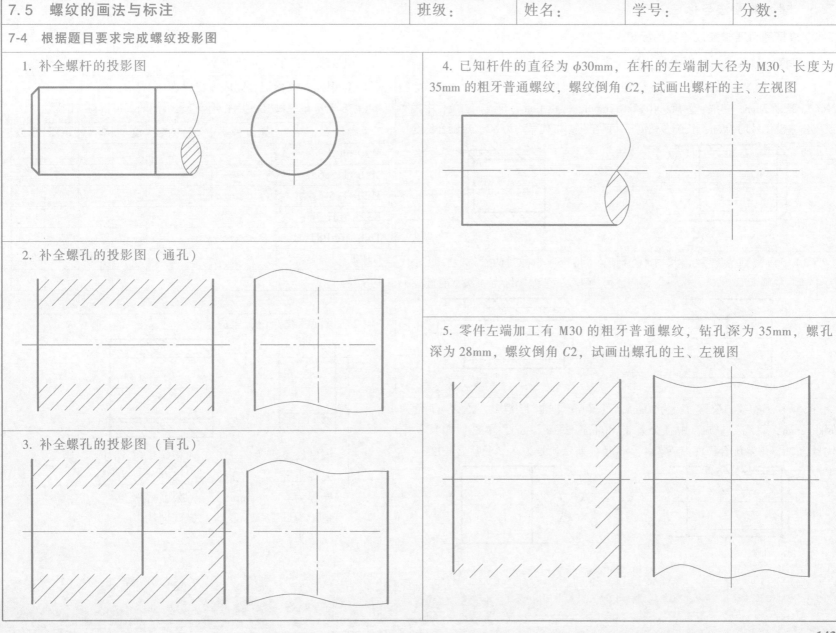

7-5 根据题目要求完成螺纹的标记

1. 根据给定条件，在图中标注螺纹代号	2. 识读螺纹标记，完成填空

1. 根据给定条件，在图中标注螺纹代号

（1） 粗牙普通螺纹，公称直径24mm，螺距3mm，单线，左旋，中径和顶径公差带代号均为6h，长旋合长度

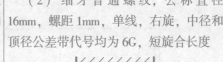

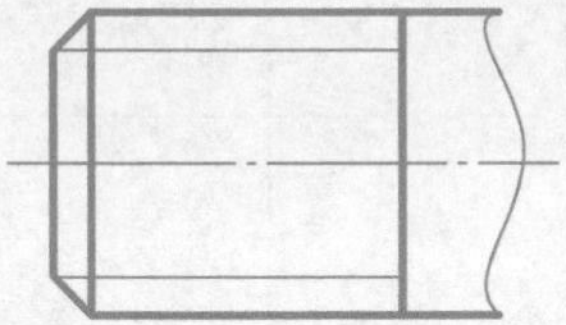

（2） 细牙普通螺纹，公称直径16mm，螺距1mm，单线，右旋，中径和顶径公差带代号均为6G，短旋合长度

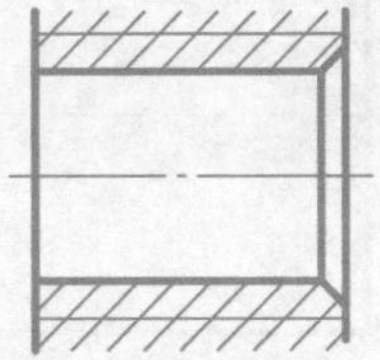

（3） 55°密封管螺纹，尺寸代号为1/4，左旋

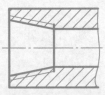

（4） 55°非密封的管螺纹，尺寸代号为1/2，公差等级为A级，右旋

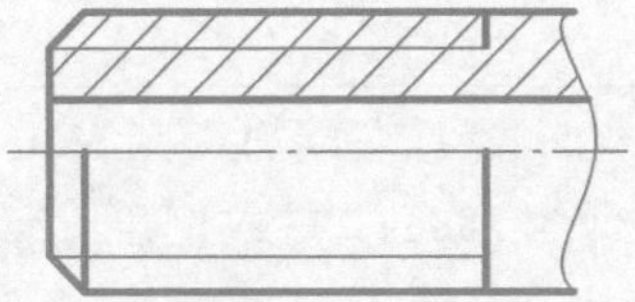

（5） 梯形螺纹，公称直径为20mm，螺距2mm，双线，左旋，中径公差带代号为7h，中等旋合长度

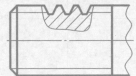

（6） 锯齿形螺纹，公称直径为40mm，螺距7mm，单线，左旋，中径公差带代号为7e，长旋合长度

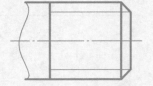

2. 识读螺纹标记，完成填空

（1） 识读螺纹标记，完成表格内容

（注：若标记中没有直接注明但查表可知的，可填写查国标）

螺纹标记	螺纹种类	公称直径	旋向	螺距	导程	线数
M20-6h						
M16×1-5g6g						
M20×1.5-6g						
B32×6LH-7e						
Tr48×16(P8)LH						
G1/2						
Rc3/4						

（2） 识读螺纹标记，完成填空

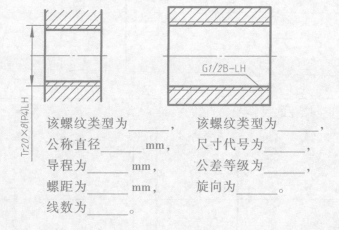

该螺纹类型为_____，公称直径_____mm，导程为_____mm，螺距为_____mm，线数为_____。

该螺纹类型为_____，尺寸代号为_____，公差等级为_____，旋向为_____。

7-6 绘制齿轮零件图

1. 完成直齿圆柱齿轮的全剖主视图与左视图（轮齿尺寸自定）

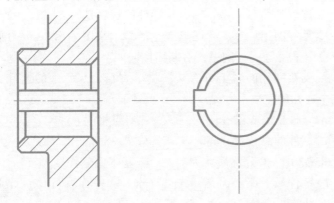

2. 完成斜齿圆柱齿轮的局部剖主视图与左视图（轮齿尺寸自定）

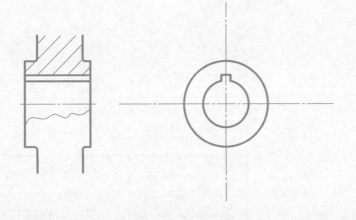

3. 完成直齿锥齿轮的全剖主视图与俯视图（轮齿尺寸自定）

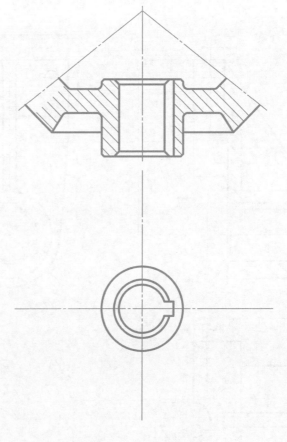

4. 按尺寸抄绘《工程制图与识图》中图 7-57 齿轮零件图
（提示：用 A4 图纸；关注技术要求和参数表的标注方法）

7-7　根据提供的零件图，想象其空间结构，识图填空

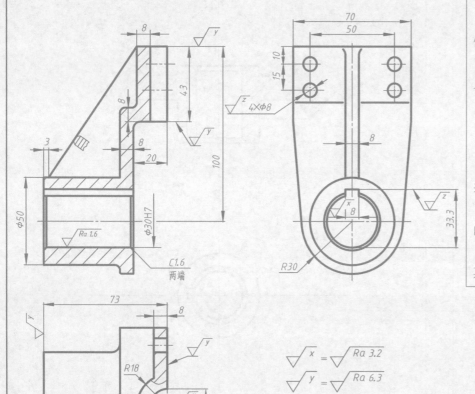

回答问题：

1. 该零件的名称是_____，零件的材料是_____。

2. 零件图用_____个图形表达的。主视图采用_____剖视，俯视图采用_____剖视。有断面图吗？_____。

3. 支架零件的右上方有_____个直径为_____的通孔，这几个通孔的定位尺寸是_____，_____，_____。

4. 零件上有螺纹孔吗？_____；有键槽吗？_____。

5. 零件的总长尺寸是_____，总宽尺寸是_____。

6. φ30H7 的公称尺寸为_____，基本偏差代号为_____。

7. 零件最上那个面是_____（选择：平面/曲面）；此面的表面粗糙度值是_____。

8. 所有面表面粗糙度要求最低的代号是_____，要求最高的值是_____。

9. 由铸件毛坯到零件成品，除了机械加工外，还需要进行其他工艺处理吗？_____。

$\sqrt{x} = \sqrt{Ra\ 3.2}$

$\sqrt{y} = \sqrt{Ra\ 6.3}$

$\sqrt{z} = \sqrt{Ra\ 25}$

$\sqrt{}$ （ $\sqrt{}$ ）

技术要求
1. 未注铸造圆角为 R3～R5.
2. 铸件须经时效处理.

设计	(姓名)	(日期)	材料	HT200	
校核	(姓名)	(日期)			
审核			比例	1:1	支架
工艺			共　张　第　张		

7-8　根据提供的零件图，想象其空间结构，识图填空

M56×2-7H

Ra 3.2

Ra 25

φ78

Ra 3.2

36

C4

Ra 12.5

φ42

φ22

Ra 6.3

Ra 12.5

33

6

66

Ra 6.3

24

Ra 3.2

20

φ40

φ60

69

48

98

10

R15

80

技术要求

铸造圆角半径R5.

1. 该零件的名称是_____，零件的材料是_____，绘图比例是_____。
2. 零件图用哪些图表达的？_____（填写：按观察方向确定的图名称）。主视图是_____图，左视图是_____图（填写：剖视或具体哪种剖视）。有断面图吗？_____，有局部放大图吗？_____。
3. 物体右部分上方外部形状是_____（选择：长方体/圆柱/圆锥）；下方外部形状是_____（选择：长方体/圆柱/圆锥）。
4. 俯视图左边有两个圆的图形，其中小圆的直径尺寸是_____；俯视图右边有三个粗实线圆的图形，其中最大圆的直径尺寸是_____。
5. 零件上的螺纹孔是哪类螺纹？_____；其公称直径是多少？_____。零件上有无外螺纹？_____。
6. 物体上有__个三角形肋板，它们是_____对称（选择：上下/前后/左右）。
7. 零件的总高尺寸是_____，总宽尺寸是_____。
8. 零件最上那个面是___（选择：平面/曲面）；此面的表面粗糙度值是___。
9. 零件所有面表面粗糙度要求最低的代号是_____，要求最高的值是_____。

设计	(姓名)	(日期)	材料	45	
校核	(姓名)	(日期)	比例	1:1	底座
审核					
工艺			共　张　第　张		

7-9　根据提供的零件图，想象其空间结构，识图填空

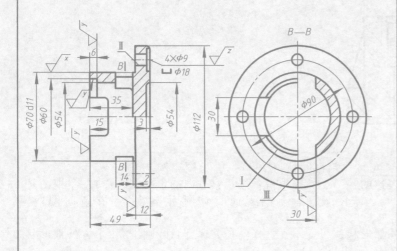

回答问题：

1. 该零件的名称是_____，零件的材料是_____。

2. 零件图采用_____个图形表达，分别是_____。主视图采用什么平面剖切的？_____，从什么位置剖切的？_____，画法是三类剖视图中的哪一类？_____。左视图采用什么平面剖切的？_____，画法是三类剖视图中的哪一类？_____。

3. 零件左右对称吗？_____；上下对称吗？_____；前后对称吗？_____。

4. 右端面周围有_____个阶梯孔，小孔直径是_____，大孔直径是_____，其定位尺寸为_____。

5. 零件左端面的孔槽有_____个，位置在_____（选择：左/右/上/下/前/后），形状是_____（选择：圆柱孔/方形槽）。

6. B—B剖切处的孔槽有_____个，位置在_____（选择：左/右/上/下/前/后），形状是_____（选择：圆柱孔/方形槽）。

7. 零件上有无螺纹孔？_____。有无齿形结构？_____。

8. B—B图上最大圆的直径是_____。零件上最主要的尺寸是_____。

9. 尺寸 $\phi70d11$ 的公称尺寸为_____，基本偏差代号为_____，标准公差等级为_____。

10. 表面Ⅰ的表面粗糙度代号为_____，表面Ⅱ的表面粗糙度代号为_____，表面Ⅲ的表面粗糙度代号为_____。

11. 零件表面粗糙度要求最高的表面粗糙度代号是_____，最低的是_____。

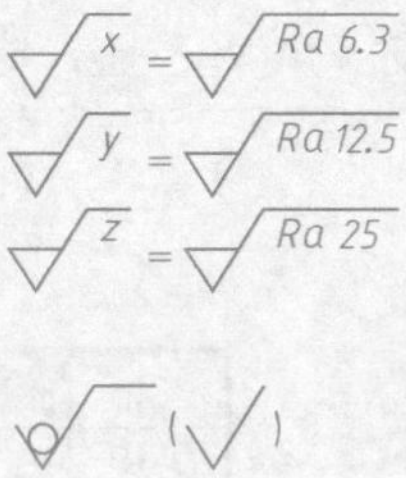

$\sqrt{x} = \sqrt{Ra\ 6.3}$

$\sqrt{y} = \sqrt{Ra\ 12.5}$

$\sqrt{z} = \sqrt{Ra\ 25}$

技术要求
铸造圆角R3。

$\sqrt{}$ （$\sqrt{}$）

设计	(姓名)	(日期)	材料	HT200	
校核	(姓名)	(日期)	比例	1:1	端盖
审核					
工艺			共　张　第　张		

7-10 根据提供的零件图，想象其空间结构，识图填空

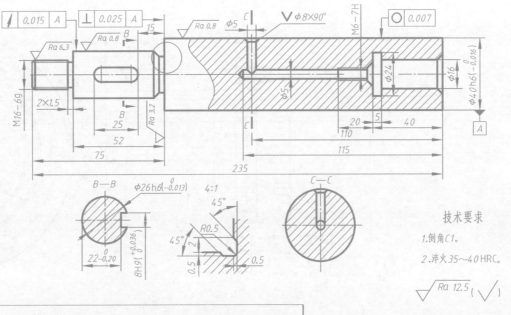

技术要求

1. 倒角C1。

2. 淬火35～40HRC。

$\sqrt{Ra\ 12.5}$ ($\sqrt{}$)

1. φ40h6 ($_{-0.016}^{\ \ 0}$) 表示公称直径是_____，公差等级是_____，基本偏差是_____，上极限偏差是_____，下极限偏差是_____，公差值是_____。

2. 几何公差框格 $\boxed{\nearrow\ |0.015|\ A}$ 的被测要素是_____。

几何公差框格 $\boxed{\perp\ |0.025|\ A}$ 的被测要素是_____。

几何公差框格 $\boxed{\bigcirc\ |0.007}$ 的被测要素是_____。

3. 基准 A 所指的要素是_____。

4. 零件表面精度要求最高值为_____；最低值为_____。

5. 断面图几种？___；C—C 属于哪种断面图？___；中间小圆的直径是___。

6. 零件上有外螺纹吗？_____；有螺纹孔吗？_____；有键槽吗？_____。

7. B—B 图是什么图？_____；其作用是什么？_____。

8. 主视图上的细实线圆表示什么画法？_____。

9. 主视图左下方尺寸"2×1.5"表达什么信息？_____。

设计	(姓名)	(日期)	材料		45	
校核	(姓名)	(日期)				
审核			比例		1:1	主轴
工艺				共 张	第 张	

7.11	零件图的识读	班级：	姓名：	学号：	分数：

7-11　根据提供的零件图，想象其空间结构，识图填空，并绘制右视图

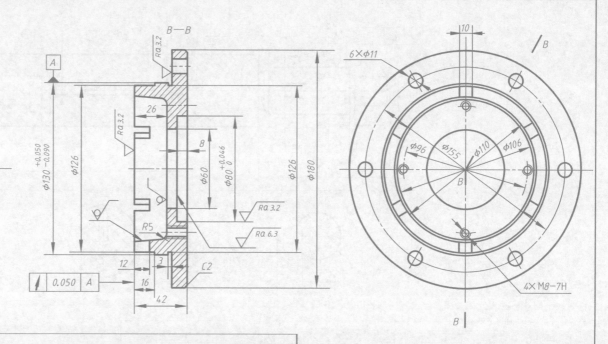

1. 主视图是___个平面剖切的哪类剖视图？___，剖切平面具体是什么位置平面？___。

2. 端盖左端有_____个槽，它们的宽度为_____，深度为_____。

3. 端盖的右端周围均匀分布有_____个圆柱光孔，是_____（选择：通孔/不通孔），它们的直径为_____，定位尺寸为_____；有_____个螺纹孔，螺纹的类型是_____，公称直径是_____，螺纹孔是_____（选择：通孔/不通孔）。

4. 零件表面精度要求最高的表面粗糙度代号为_____，要求最低的为_____。

5. ⌒ 0.050 A 的被测量要素是_____，基准要素是_____。

6. 零件的总体尺寸是_____。

7. 写出两处主要的尺寸_____。

8. 所有表面都需要进行机械加工吗？_____。

设计	(姓名)	(日期)	材料	HT200	
校核	(姓名)	(日期)	比例	1:1	端盖
审核					
工艺			共 张 第 张		

7-12 根据提供的零件图，想象其空间结构，识图填空，并绘制 K 向视图

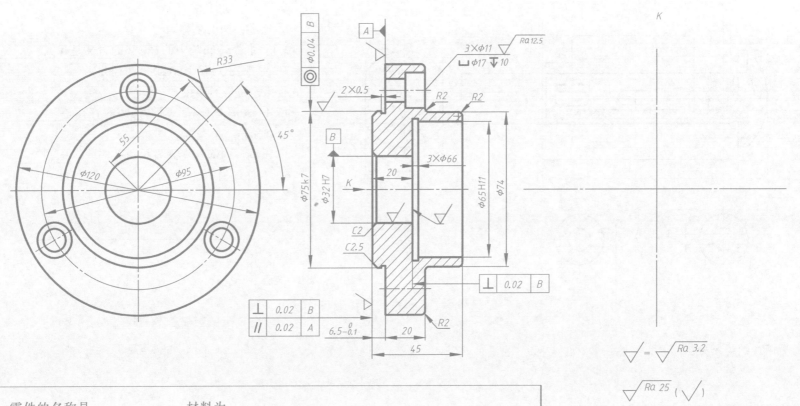

1. 零件的名称是_____，材料为_____。

2. 零件周围有_____个阶梯孔，大孔的直径为_____，定位尺寸为_____。

3. 尺寸"3×φ66"表达的含义是_____。

4. 尺寸"2×0.5"表达的含义是_____。

5. 基准 B 是指什么几何要素？_____。

6. 写出三处主要的尺寸_____。

7. 直径 φ120 的圆柱外表面是完整的圆柱面吗？_____；此表面的表面结构符号是_____。

设计	(姓名)	(日期)	材料	HT150
校核	(姓名)	(日期)		
审核			比例	1:1	法兰盘
工艺			共 张 第 张

7-13　根据提供的零件图，想象其空间结构，识图填空，并绘制俯视图

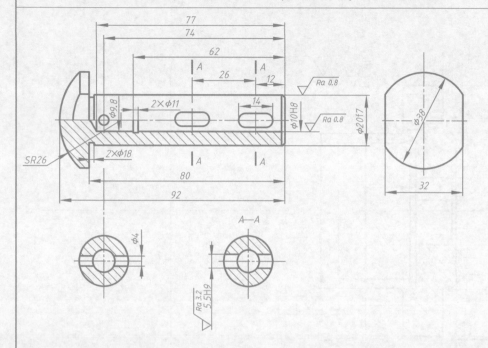

1. 该零件图的名称是＿＿＿＿＿＿＿。
2. 尺寸"SR26"中的"S"的含义是什么？＿＿＿＿。
3. 主视图上有个小圆，直径是＿＿＿＿＿＿；是通孔，还是不通孔？＿＿＿＿＿＿＿。
4. A—A图上有两个圆，大圆的直径是＿＿＿＿，小圆的直径是＿＿＿＿。
5. 该零件内部从左到右是通孔吗？＿＿＿＿＿。
6. 零件的总长尺寸为＿＿＿、总宽尺寸为＿＿＿、总高尺寸为＿＿＿。

技术要求
1. 淬火58～65HRC。
2. 倒角C1。

$\sqrt{Ra\ 6.3}\ (\sqrt{\quad})$

俯视图绘制处：

设计	（姓名）	（日期）	材料	45	
校核	（姓名）	（日期）			
审核			比例	1:1	顶杆
工艺			共　张第　张		

152

7-14　根据提供的零件图，想象其空间结构，识图填空，并绘制后视图

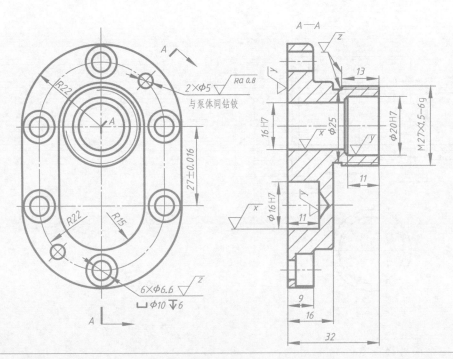

技术要求
1. 不通孔 $\phi 16H7$ 可先钻孔，再经切削加工制成，但不得钻穿。
2. 未注铸造圆角 R1～R3。
3. 未注倒角 C1。
4. 铸件应经时效处理。

$\sqrt{x} = \sqrt{Ra\ 1.6}$

$\sqrt{y} = \sqrt{Ra\ 3.2}$

$\sqrt{z} = \sqrt{Ra\ 6.3}$

$\sqrt{\ }\ (\sqrt{\ })$

1. 左视图是_____个平面剖切的哪类剖视图？_____。

2. 零件后端面周围有_____个阶梯孔，有_____个小圆柱孔。阶梯孔中大圆柱孔直径是_____，深度是_____；小圆柱孔直径是_____，深度是_____；阶梯孔定位尺寸是_____。

3. 零件上有外螺纹，其公称直径是_____。零件上有无内螺纹？_____。

4. 零件上有无销孔？_____。零件周围 $\phi 5$ 的孔什么时候加工？_____。

5. 写出一个主要的定位尺寸_____。$\phi 20H7$ 孔的深度是_____。

6. 不通孔 $\phi 16H7$ 加工时可以用怎样的加工顺序？_____。

7. 零件表面粗糙度要求最高的值是_____，最低的表面粗糙度符号是_____。

设计	(姓名)	(日期)	材料	HT200	
校核	(姓名)	(日期)	比例	1:1	右端盖
审核					
工艺			共　张　第　张		

7-15　根据提供的零件图，想象其空间结构，识图填空，并绘制 *K* 向局部视图

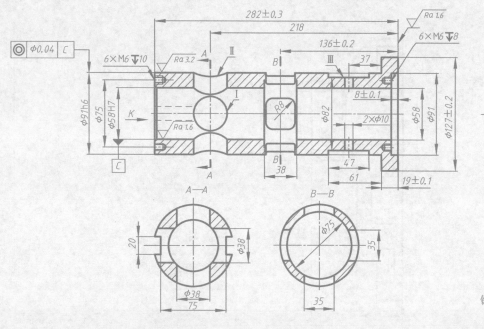

技术要求

锐边除净毛刺；未注倒角C2。

$\sqrt{Ra\,6.3}$ ($\sqrt{\ }$)

1. 标有 Ⅰ 的圆的直径是_____；零件左边圆柱在 *A—A* 剖切平面处径向有_____个孔，其形状是_____（选择：长方体孔/圆柱孔/圆锥孔）。

2. 零件在 *B—B* 剖切平面处径向有_____个孔，其形状是_____（选择：长方体孔/圆柱孔/圆锥孔）。

3. 主视图中间两条虚线间的距离是_____。图中标有 Ⅱ 的图线是由直径为_____与_____的两圆形成的相贯线。

4. 标有Ⅲ的面是_____（选择：平/圆柱）。

5. φ127±0.2 的外圆最大可加工成_____，最小可加工成_____。

6. 套筒左端面有_____个螺纹孔，左端面的表面结构符号是_____。

7. ◎ $\phi0.04$ C 的被测要素是_____。

设计	(姓名)	(日期)	材料		45	
校核	(姓名)	(日期)	比例		1:1	套筒
审核						
工艺			共　张		第　张	

8.2　装配体的表达方法	班级：	姓名：	学号：	分数：

8-1　根据轴架和带轮的装配示意图与零件图，绘制其装配图（学习到后面时可补画完成整个装配图）

提示：此装配图可绘制主视图与左视图，左视图用拆卸画法；可用 A4 图纸。螺母、垫圈、键成视图

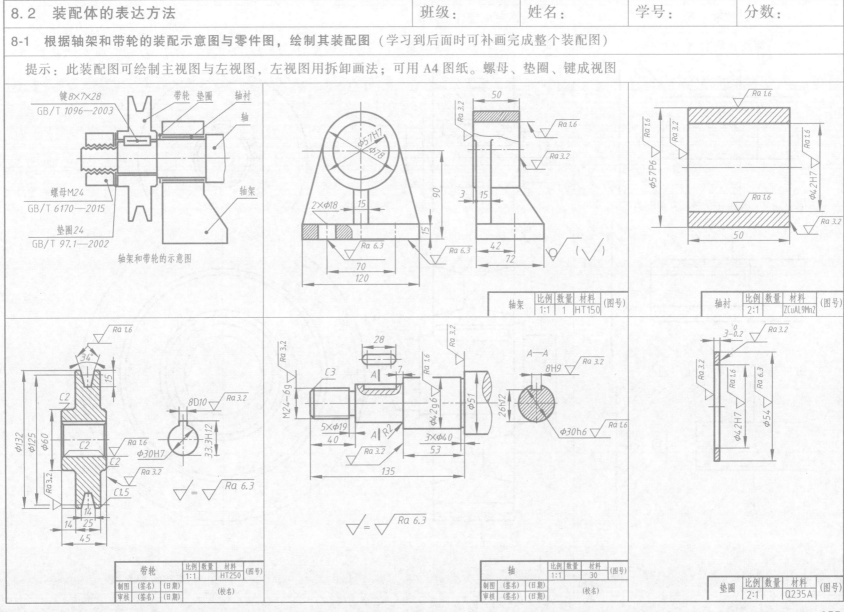

8-2　绘图完成螺纹联接图

8-3　绘图完成齿轮啮合图

1. 螺杆与螺纹孔旋合（通孔）

提示：补全一对啮合的直齿圆柱齿轮图中啮合部分

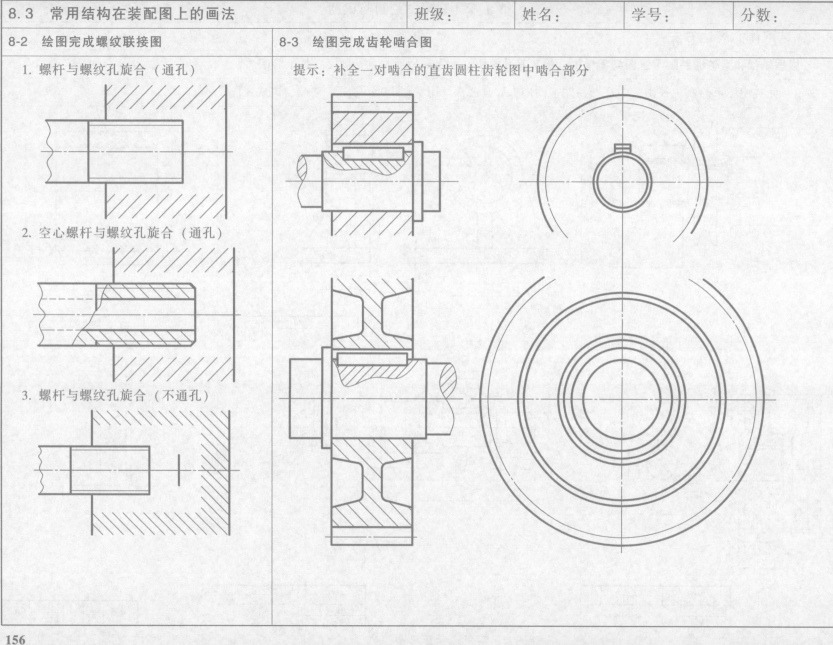

2. 空心螺杆与螺纹孔旋合（通孔）

3. 螺杆与螺纹孔旋合（不通孔）

8.4 标准件在装配图上的画法	班级：	姓名：	学号：	分数：

8-4 按要求绘图

1. 完成平键联接图	2. 完成圆柱销联接图

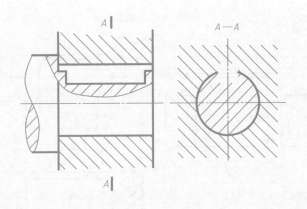

A—A

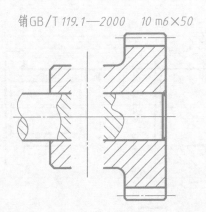

销GB/T 119.1—2000　10 m6×50

3. 根据提供的齿轮、轴、键立体图与齿轮啮合、键传动示意图，在图纸上绘制齿轮啮合与键传动装配图的主视图和左视图

提示：主视图采用全剖视图，左视图采用视图；尺寸自定，比例自定，不需测定原图尺寸，不需标注尺寸

8-5 标注与识读装配图的配合尺寸

1. 根据零件图（1）、（2）、（3）的尺寸，标注装配图（4）的配合尺寸

2. 根据装配图上的配合尺寸，标出相应零件图的尺寸（含公差带代号）

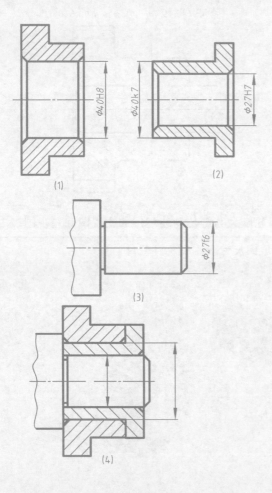

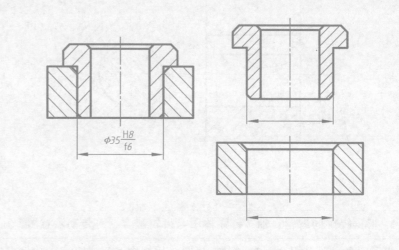

3. 根据配合代号标出轴和轴承孔的尺寸及公差带代号

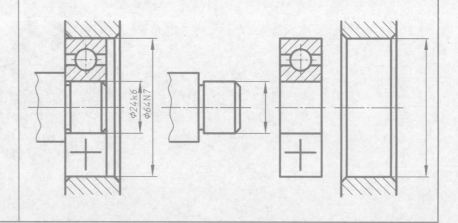

| 班级： | 姓名： | 学号： | 分数： |

8-6 根据提供的装配图，想象空间结构，了解工作原理，并读图填空

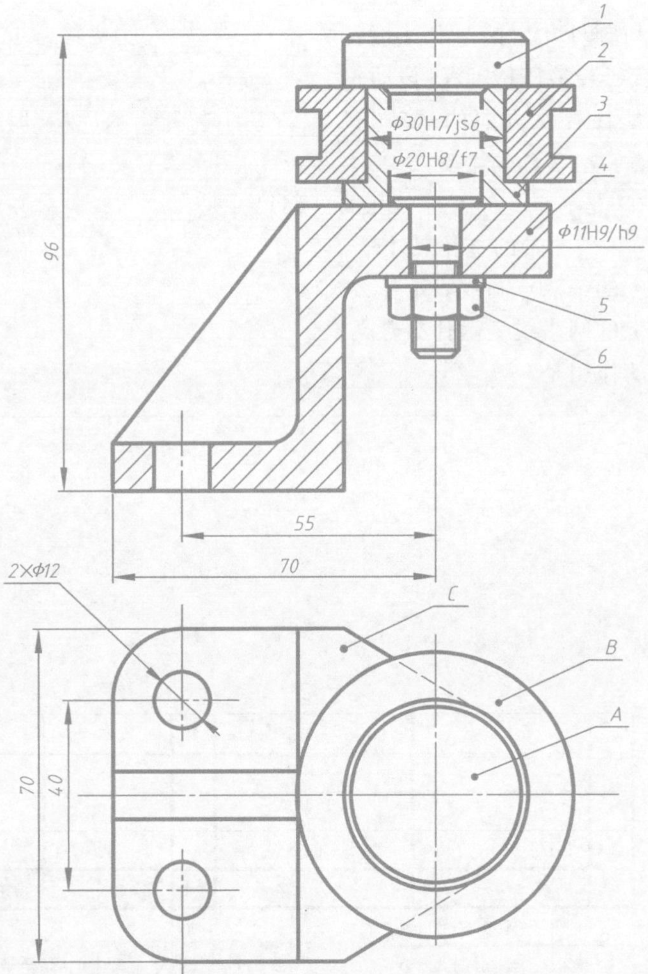

1. 该装配体的名称为____，由____个零件组成，其中标准件有____个。

2. 零件 1 的名称是_____，该零件上有螺纹吗？_____。

3. 零件 4 的材料是_____，该零件上有螺纹孔吗？_____。

4. 零件 4 上有_____个孔，定位尺寸是_____。

5. 尺寸 $\phi 11H9/h9$ 为_____尺寸，表示零件_____号和零件_____号相配合，轴的直径是_____。

6. 尺寸 $\phi 30H7/js6$ 为_____尺寸，表示零件_____号和零件_____号相配合，其公称尺寸为_____，孔的直径是_____。

7. 俯视图中的 A 是_____号零件，其材料为_____；B 是_____号零件，C 是_____号零件。

8. 该装配体的总体宽度为_____，总体高度为_____。

9. 装配体工作时，零件 1 能做圆周运动吗？_____。

10. 装配体工作时，零件 2 可以做圆周运动吗？_____。

图中标注：$\phi 30H7/js6$　$\phi 20H8/f7$　$\phi 11H9/h9$　96　55　70　$2\times\phi 12$　70　40

6	GB/T 6170—2015	螺母	1		
5	GB/T 97.1—2002	垫圈	1		
4		托架	1	HT200	
3		衬套	1	ZCuSn10Zn2	
2		滑轮	1	2A13	
1		心轴	1	45	
序号	代　号	名　称	数量	材料	备注

设计	(姓名)	(日期)	重量		
校核	(姓名)	(日期)	比例	1:2	滑轮装置
审核					
工艺			共 张第 张		01—00

8-7 根据提供的装配图，想象空间结构，了解工作原理，并读图填空

1. 零件 2 的名称是＿＿＿＿，材料是＿＿＿＿，零件上有螺纹结构吗？＿＿＿＿。零件 4 外部主要结构是六棱柱吗？＿＿＿＿。

2. 零件 3 与零件 4 之间是什么联接方式？＿＿＿＿（选择：齿轮传动/螺纹联接/液压传动/键传动）。

3. 零件 3 能做什么方向的运动？＿＿＿＿（选择：圆周运动、上下直线运动、左右直线运动）。

4. $\phi16H8/f7$ 是＿＿＿＿尺寸，孔的公称尺寸是＿＿＿＿，公差带代号是＿＿＿＿，轴的直径尺寸是＿＿＿＿。

5. 主视图上的细双点画线表示什么画法？＿＿＿＿。

6. 左视图上的网络线表示什么含义？＿＿＿＿。

7. 零件 1 的作用是＿＿＿＿＿＿＿＿＿。

图标注：4、3、2、1；M20-6g；$\phi16H8/f7$；$108\sim140$；45；78；$\phi80$

4			螺母	1	35	
3			螺杆	1	45	
2			支座	1	HT150	
1	GB/T 86—1988		螺钉M6×25	1	35	
序号	代 号		名 称	数量	材料	备注
设 计	(姓名)	(日期)	重 量			
校 核	(姓名)	(日期)	比 例	1:2	千斤顶	
审 核						
工 艺			共 张第 张		01—00	

8-8 根据提供的装配图，想象空间结构，识图填空，并读图填空

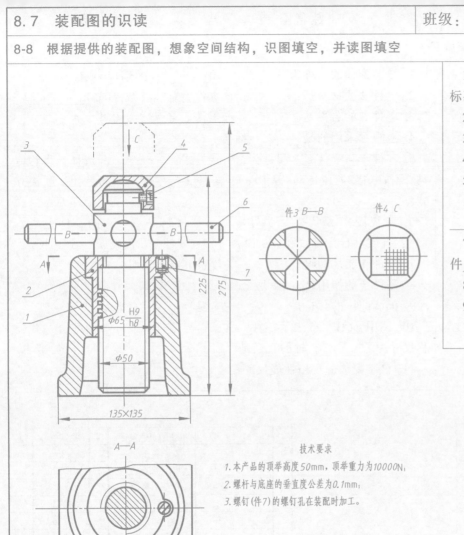

件3 B—B　件4 C

A—A

技术要求

1.本产品的顶举高度50mm，顶举重力为10000N；

2.螺杆与底座的垂直度公差为0.1mm；

3.螺钉(件7)的螺钉孔在装配时加工。

1. 该装配体的名称为_____，由_____个零件组成，其中标准件有_____个。

2. 零件2的名称是_____，该零件上有螺纹吗？_____。

3. 零件3的材料是_____，该零件上有螺纹吗？_____。

4. 主视图是_____视图，俯视图是_____视图。

5. 零件3上有_____个孔。

6. 零件1上有螺纹吗？_____，其下部分外形结构是_____（选择：圆柱体/长方体）。

7. 尺寸$\phi65H9/h8$为_____尺寸，表示零件_____号和零件_____号相配合，轴的直径是_____。

8. 零件5的作用是_____。

9. 零件7的作用是_____。

10. 零件2能做圆周运动吗？___。零件3能做圆周运动吗？___。

7	GB/T 73—2017	螺钉M12×16	1	35
6		横杠	1	45
5	GB/T 73—2017	螺钉M12×14	1	35
4		顶垫	1	Q235
3	矩50×8	螺杆	1	45
2		螺套	1	HT200
1		底座	1	HT150
序号	代号	名称	数量	材料	备注

设计	(姓名)	(日期)	重量		
校核	(姓名)	(日期)			
审核			比例	1:2	螺旋千斤顶
工艺			共 张 第 张		TZ—02

8-9 根据提供的装配图，想象空间结构，了解工作原理，并读图填空

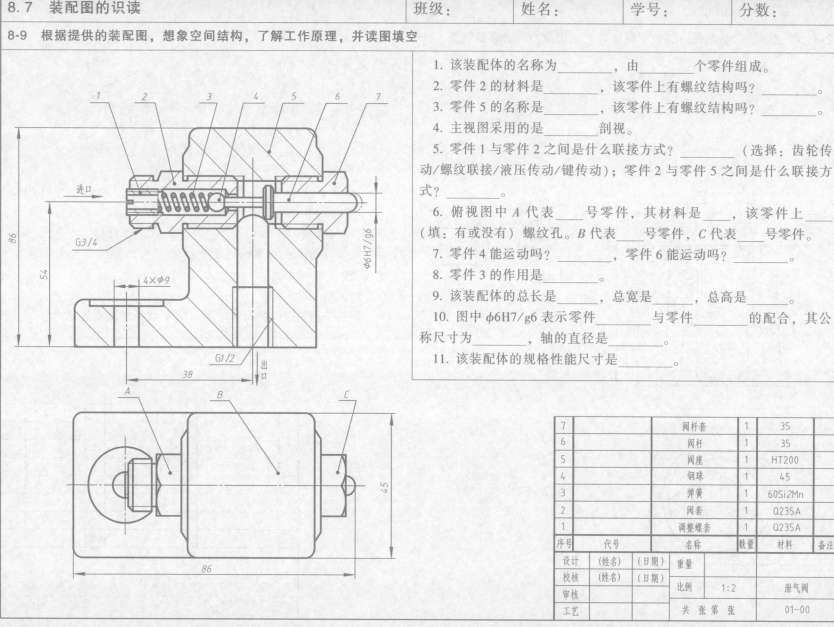

1. 该装配体的名称为_____，由_____个零件组成。

2. 零件 2 的材料是_____，该零件上有螺纹结构吗？_____。

3. 零件 5 的名称是_____，该零件上有螺纹结构吗？_____。

4. 主视图采用的是_____剖视。

5. 零件 1 与零件 2 之间是什么联接方式？_____（选择：齿轮传动/螺纹联接/液压传动/键传动）；零件 2 与零件 5 之间是什么联接方式？_____。

6. 俯视图中 A 代表____号零件，其材料是____，该零件上____（填：有或没有）螺纹孔。B 代表____号零件，C 代表____号零件。

7. 零件 4 能运动吗？_____，零件 6 能运动吗？_____。

8. 零件 3 的作用是_____。

9. 该装配体的总长是_____，总宽是_____，总高是_____。

10. 图中 $\phi6H7/g6$ 表示零件_____与零件_____的配合，其公称尺寸为_____，轴的直径是_____。

11. 该装配体的规格性能尺寸是_____。

7		阀杆套	1	35	
6		阀杆	1	35	
5		阀座	1	HT200	
4		钢球	1	45	
3		弹簧	1	60Si2Mn	
2		阀套	1	Q235A	
1		调整螺套	1	Q235A	
序号	代号	名称	数量	材料	备注
设计	(姓名)	(日期)	重量		
校核	(姓名)	(日期)			
审核			比例	1:2	泄气阀
工艺			共 张 第 张		01-00

8-10 根据提供的装配图，想象空间结构，了解其工作原理，识图填空

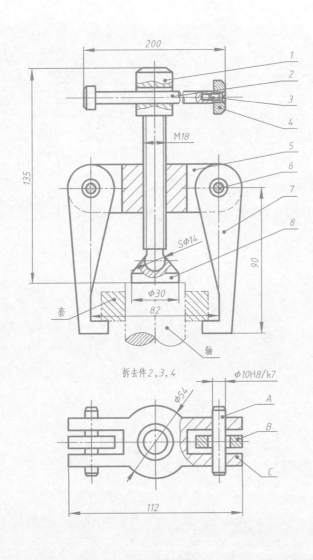

1. 该拆卸器是由_____种共_____个零件组成。

2. 零件 1 的名称是_____，零件 1 上有螺纹吗？_____，有通孔吗？_____。

3. 零件 5 的名称是_____，零件 5 上有螺纹吗？_____，有光孔吗？_____。

4. 共有_____个 10×60 的销。$S\phi14$ 表示_____形体的结构。

5. 俯视图是_____剖视图，俯视图用了装配图的_____画法。

6. 主视图图中细双点画线用了装配图的_____画法，表示_____号零件。零件 2 号用了_____画法，长度为_____。

7. 零件 1 能做圆周运动吗？_____，能做直线运动吗？_____。

8. 零件 5 能做圆周运动吗？_____，能做直线运动吗？_____。

9. 尺寸 $\phi10H8/k7$ 为_____尺寸，表示零件_____号和零件_____号相配合，其公称尺寸为_____，孔的直径是_____。

10. 俯视图中的 A 是_____号零件，B 是_____号零件，C 是_____号零件。

8		压紧垫	1	45	
7		爪子	2	45	
6	GB/T 119.1—2000	销10×60	2	35	
5		横梁	1	Q235A	
4		垫圈	1	Q235A	
3	GB/T 68—2016	螺钉M5×8	1	Q235A	
2		把手	1	Q235A	
1		压紧螺杆	1	45	
序号	代号	名称	数量	材料	备注

设计	(姓名)	(日期)	重量			
校核	(姓名)	(日期)	比例	1:2	拆卸器	
审核						
工艺			共 张 第 张		01-00